计算机应用基础实验

（第2版）

胡 朋 杨恩宁 江 帆 庞志成 编

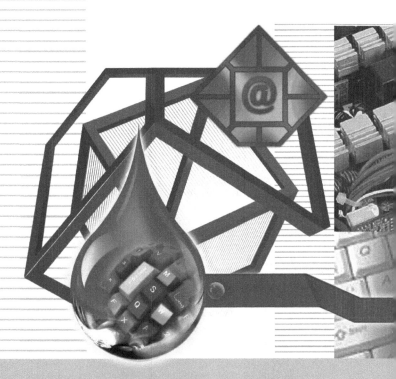

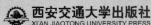
西安交通大学出版社
XI'AN JIAOTONG UNIVERSITY PRESS

内容简介

《计算机应用基础实验》是与《计算机应用基础》配套使用的实验教程。在内容的编排上与一般的实验教程有所不同,不仅通过实例操作介绍了常用软件的基本使用方法,又给出了实例详细的操作过程,因此本书既是一本实验教材,又是一本操作速查手册。一方面,通过本书对软件操作的详细介绍和相关实例,读者可以了解并掌握 Windows 7、Office 2007、Visio 2007 及多媒体常用软件的基本使用方法;另一方面,本书又能方便读者解决操作过程中碰到的实际问题,当读者忘记某个操作如何进行,或在哪个菜单下寻找想执行的命令时,只要在本书中查找即可。所以本书可以作为各类计算机基础实验教学的教材或自学参考书。

图书在版编目(CIP)数据

计算机应用基础实验/胡朋等编.—西安:西安交通大学出版社,2013.8(2023.1重印)
ISBN 978-7-5605-5477-8

Ⅰ.①计… Ⅱ.①胡… Ⅲ.①电子计算机-高等学校-教学参考资料 Ⅳ.①TP3

中国版本图书馆 CIP 数据核字(2013)第 180609 号

书　　名	计算机应用基础实验(第 2 版)
编　　者	胡　朋　杨恩宁　江　帆　庞志成
责任编辑	屈晓燕
出版发行	西安交通大学出版社
	(西安市兴庆南路 1 号　邮政编码 710048)
网　　址	http://www.xjtupress.com
电　　话	(029)82668357　82667874(市场营销中心)
	(029)82668315(总编办)
传　　真	(029)82668280
印　　刷	西安日报社印务中心
开　　本	787 mm×1 092 mm　1/16　印张　12.625　字数　304 千字
版次印次	2013 年 8 月第 1 版　　2023 年 1 月第 7 次印刷
书　　号	ISBN 978-7-5605-5477-8
定　　价	22.00 元

如发现印装质量问题,请与本社市场营销中心联系。
订购热线:(029)82665248　(029)82667874
投稿热线:(029)82664954
读者信箱:eibooks@163.com

前　言

　　计算机应用基础课程旨在培养大学生的计算机文化素质和应用计算机的基本能力。为配合计算机应用基础课程教学的实验环节，补充和强化计算机基本操作训练，提高学生利用计算机解决一般问题的能力，我们编写了《计算机应用基础实验》。它是《计算机应用基础》的配套教材。与《计算机应用基础》的编写宗旨相同，在本实验指导的内容组织上，重视实际运用能力的训练，在进行基本方法训练的同时补充了许多很有实用价值的操作细节和操作技巧。本实验指导书中介绍的许多操作方法和技巧，无论在学习或是日常工作中，都有着十分显著的实用性。

　　本书在较全面总结教材内容基础上，把大学计算机基础实验教学中要求掌握的内容以案例的形式给出，学生只要按照本书，遵照循序渐进的规律，就能较系统地掌握基本概念、理论和操作。由于学时限制，部分内容需要学生在课余完成。本书共8章，其第1～8章与《计算机应用基础》的第3～10章对应。第1章Windows 7的基本操作实验，设置了文件夹操作、系统环境设置、存储管理和应用软件的安装4个实验；第2章Word文字处理操作实验，设置了文档基本操作、文档中表格的插入和设计、图文混排和综合应用4个实验；第3章Excel电子表格处理实验，设置了常用公式应用、常用函数应用、分类汇总数据筛选和数据转换可视化图标4个实验；第4章PowerPoint演示文稿制作实验，设置了基本操作、演示文稿放映效果和综合运用提高3个实验；第5章Visio电子绘图工具操作实验，设置了Visio 2007基本操作、基本图形绘制及文字编辑、综合运用3个实验；第6章计算机网络及应用基础实验，设置了浏览器使用、信息的检索、邮件收发和实用技巧4个实验；第7章多媒体技术基础实验，设置了音频文件的制作与处理、图像处理基本技术、人像处理和Flash动画制作4个实验；第8章网页设计与制作实验，设置了网页设计与制作基础和设置个人网页制作综合应用2个实验。每个章节都附加了实验作业题，以供读者进一步深入练习。

　　建议每次实验前，首先要仔细阅读实验目的及要求，并且根据上课的进度明确实验任务并按照实验示例逐步进行操作，在通过练习题检查掌握情况。对于特别复杂的操作内容，不可操之过急，一定要按照示例中的步骤一步一步地操作，并结合理论认真思考和总结，反复练习。实验中，既要培养良好的操作习惯，又要勤于思考，从实验案例中学会处理相关以及同类型的操作，善于总结、善于运用，一定要在实验中学习、观察和积累，使自己的计算机应用能力达到较高的水平。

　　本书由计算机系基础教学研究课题组成员编写完成。其中第1章和第3章由杨恩宁编写，第2章由庞志成编写，第4、5、6章由胡朋编写，第7、8章由江帆编写。本书编写过程中得到了陆丽娜教授的悉心指导，她提出了许多宝贵的建议和意见，在此表示诚挚的谢意。另外得到了西安交通大学出版社屈晓燕等老师的大力支持，在此表示衷心的感谢。

　　由于水平有限，书中难免有不到之处，恳请广大读者批评指正。

编者

2013.06

目　录

第1章 Windows 7 的基本操作实验

实验概要

Windows 7 是微软公司继 vista 系统之后推出的一款新的操作系统,它是一个多用户、多任务的图形化界面的操作系统,功能强大、操作简单、稳定性高、安全性强,是目前 PC 机主流的操作系统之一。

本章总共安排了 4 个实验,通过实践操作,我们必须掌握以下知识点:

◇ 文件和文件夹的操作。掌握资源管理器的使用,文件和文件夹的创建、更改、删除、复制、移动等,常用文件的类型,命名规则,文件的搜索,文件属性的设置等。

◇ 计算机系统环境的设置。包括主题、桌面背景、屏幕保护程序、日期时间、区域属性的设置,登录账户的管理等。

◇ 存储设备的管理。磁盘管理,磁盘清理程序的应用,磁盘碎片的管理,U 盘的使用等。

◇ 应用程序的相关操作。应用软件的安装与卸载,程序的运行方式、任务管理器的使用,程序快捷方式的创建等。

实验 1 文件和文件夹的基本操作

实验目的:熟悉计算机中数据的存储形式,掌握文件和文件夹的概念和作用,熟悉文件的结构和类型,能够对文件和文件夹进行相应的操作,比如:文件和文件夹的创建、浏览、选择、重命名、复制、移动、搜索以及属性的设置等。

▶ 任务一 文件和文件夹的创建、更改和删除

任务描述

1. 创建个人资料库。
2. 对资料库中的"新建文件夹"重命名。
3. 创建一个文本文件并进行编辑。
4. 删除"游戏"文件夹。
5. 回收站的简单操作。

操作步骤

1. 创建个人资料库

步骤 1 用鼠标双击桌面"计算机"图标,打开"计算机"窗口,如图 1.1 所示。左侧有对应的导航栏,右侧显示磁盘的基本信息。

图 1.1 "资源管理器"窗口

步骤 2 用鼠标点击导航栏中的 D 盘,或者双击右边窗口的 D 盘,就会打开 D 盘的根目录,在窗口的空白处右击鼠标,在弹出的快捷菜单中选择"新建"→"文件夹"命令,如图 1.2 所示。

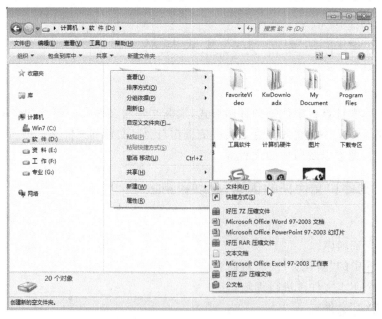

图 1.2 新建文件夹

步骤 3　在文件夹名称位置输入"029 张三-资料库",然后按回车键(或用鼠标单击窗口空白处)即可,如图 1.3 所示。

图 1.3　文件夹命名

步骤 4　双击"029 张三-资料库"文件夹,进入该文件夹目录,按照以上步骤分别建立子文件夹"常用软件""音乐""视频""游戏""新建文件夹"等,如图 1.4 所示。

图 1.4　新建"学习资料"文件夹

步骤 5　点击"资源管理器"左边导航栏中 D 盘前面的右三角按钮,展开 D 盘文件夹的树型目录,查看文件夹的目录结构。依次打开文件夹"学习资料"(或双击右边窗口中"学习资料"文件夹),在右边窗口空白处再建立子文件夹"文本"、"电子书"和"视频"。

步骤 6　重复步骤 5,分别建立其它文件夹的子文件夹,注意观察文件夹的存放形式,查看目录结构,如图 1.5 所示。

图 1.5　实验结果

2. 对资料库中的"新建文件夹"重命名

步骤 1 打开"D:\029 张三-资料库"文件夹,右击"新建文件夹",在弹出的"快捷菜单"中选择"重命名"命令(或两次单击文件夹的名称位置),如图 1.6 所示。

图 1.6 选择"重命名"命令

步骤 2 当文件夹的名称处于编辑状态时(一般呈浅蓝色),通过键盘输入新的名称"MV",按回车键即可(或者输入新的名称后在其他位置点击一下也可以)。

注意:文件的重命名方法和文件夹相同,但是要留意文件的扩展名,每一种文件都有自己的扩展名,例如:文本文件(.txt)、视频文件(.rmvb)等等。

3. 创建一个文本文件并进行编辑

步骤 1 打开"D:\029 张三-资料库\学习资料\文本"文件夹,在其空白处点击鼠标右键,在弹出的"快捷菜单"中选择"新建"→"文本文档"命令,结果如图 1.7 所示。

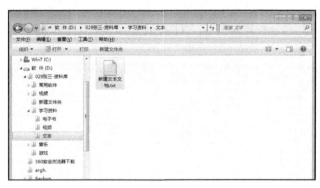

图 1.7 新建"文本文档"

步骤 2 将文本文档命名为"操作系统",注意不能忘掉后缀名".txt",否则文件就成为了不可用文件,如图 1.8 所示。

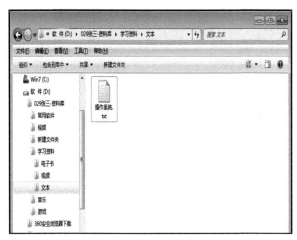

图 1.8　文本文档命名

　　步骤 3　双击打开"操作系统.txt"文档，进行编辑，输入内容"操作系统，英文为 Operating System，简称 OS。它是一个庞大的程序，它控制所有在计算机上运行的程序并管理整个计算机的资源"。

　　步骤 4　对编辑好的文本文件进行保存。

　　方法一：点击菜单"文件"→"保存"命令，如图 1.9 所示。

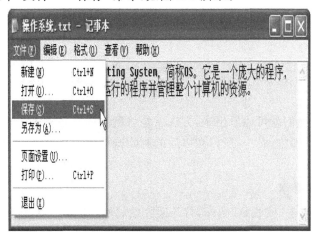

图 1.9 保存"文本文档"

　　方法二：利用快捷键"Ctrl＋S"。

　　注意：观察编辑前后文本文件大小的变化。

　　方法三：直接点击文本编辑窗口右上角的"关闭"控制按钮，根据系统提示进行保存即可。

4. 删除"游戏"文件夹

　　步骤 1　打开"D:\029 张三-资料库"文件夹。

　　步骤 2　选中"游戏"文件夹后进行删除操作。

　　方法一：用鼠标右击"游戏"文件夹，在弹出的快捷菜单中选择"删除"命令，系统会弹出"删除文件夹"对话框，如图 1.10 所示，在对话框中选择"是"按钮即可。

图 1.10 "删除文件夹"对话框

　　方法二:选中游戏文件夹,按 delete 键。打开"删除文件夹"对话框,在对话框中选择"是"按钮即可。
　　方法三:选中游戏文件夹,按 shift＋delete 键,系统弹出如图 1.11 所示对话框。

图 1.11 "永久删除"对话框

　　从提示对话框中我们就可以看出来,方法三是将删除的文件夹永久性的删除,而前面两种方法是把文件夹放入"回收站"中,所以在以后的删除操作中要格外谨慎,防止误操作而导致被删除文件夹不可恢复。

5. 回收站的简单操作

　　步骤 1　用鼠标右击"回收站"图标,打开回收站属性,如图 1.12 所示。

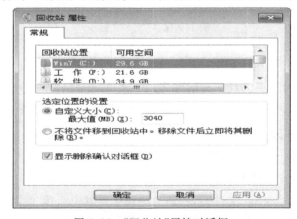

图 1.12 "回收站"属性对话框

步骤 2　对"回收站"的属性进行设置。

(1)选择磁盘驱动器。

(2)设置回收站容量的大小,每个磁盘都有默认的大小。

(3)选取不将文件移入回收站中的设置。如果选中该项,被删除的对象将被彻底删除,一般不提倡选中它。

(4)显示删除确认对话框,选中该项,删除对象时,弹出确认对话框,防止误删除,一般选中它。

步骤 3　将回收站中的文件还原。打开回收站,用鼠标右击需要还原的文件,在弹出的快捷菜单中选择"还原"命令,被删除的文件将还原至原来位置,如图 1.13 所示。

图 1.13　还原"回收站"中的文件

步骤 4　清空回收站。点击"回收站"窗口中的"清除回收站"命令,如图 1.14,弹出"确认删除"对话框,确认后,"回收站"中的内容将被清空,永久性的删除。

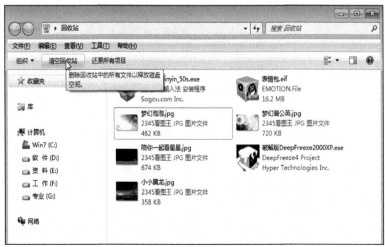

图 1.14　清空"回收站"

步骤 5　还原所有项目。点击"回收站"窗口中的"还原所有项目"命令,就会弹出如图 1.13所示的对话框,点击"是"按钮,回收站中的所有项目将被还原至原来的位置。

任务二　文件和文件夹的浏览、选择、移动和复制

任务描述

1. 文件和文件夹的浏览方式和排序方法。
2. 文件和文件夹的选择(单选、连续选、间隔选、全选)。
3. 文件和文件夹的移动和复制。

操作步骤

1. 文件和文件夹浏览方式和排序方法

步骤 1　打开"计算机"窗口,在左侧导航栏中点击计算机磁盘前面的右三角,浏览文件夹的树型结构,如图 1.15 所示,分别点击前面三角符号,观察目录树的变化情况。

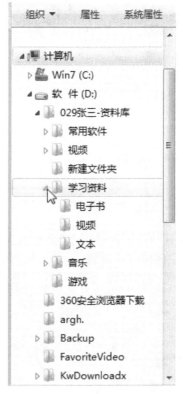

图 1.15　资源管理器左窗格

步骤 2　打开"C:\Users\Administrator"文件夹,分别通过"超大图标","大图标","中等图标","列表","详细信息"等方式,查看当前目录下所有对象的信息,注意它们之间的区别。

方法一:选择"查看",在弹出的下拉菜单中选择查看方式,如图 1.16 所示。

方法二:点击图标"　　　　"右侧的下拉箭头,选择相应的查看方式。

图 1.16　选择对象的查看方式

方法三：在窗口空白处点击鼠标右键，在弹出的快捷菜单中选择查看方式，如图 1.17 所示。

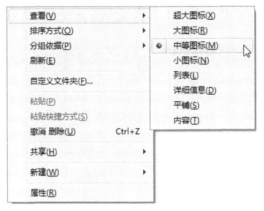

图 1.17　查看快捷菜单

步骤 3　在当前目录下，按"名称"进行排序。

方法一：点击"查看"→"排序方式"→"名称"命令。

方法二：在当前窗口空白处右击，在弹出的快捷菜单中选择"排序方式"→"名称"命令。

步骤 4　按照步骤 3 的操作方法，将文件和文件夹按"大小"，"类型"，"修改时间"等方式进行排序。

2. 文件和文件夹的选择（单选、连续选、间隔选、全选）

步骤 1　打开"C:\Windows\Web\Wallpaper"文件夹。

步骤 2　单选。用鼠标单击右边窗格中的某个文件，该文件就被选中。

步骤 3　连续选。用鼠标单击第一个文件后，按住 shift 键，再单击最后一个需要选择的文件即可，如图 1.18 所示，或者在要选择的文件的外围单击鼠标，并拖动鼠标到最后需要选择的那个文件的位置。

图 1.18　连续选择

步骤 4　间隔选。用鼠标单击第一个文件后，按住 Ctrl 健，再单击其它需要选择的文件即可，如图 1.19 所示。

图 1.19　间隔选择

步骤 5　全选。按下快捷键 Ctrl＋A，或点击"编辑"→"全选"命令即可。

3. 文件和文件夹的移动和复制

步骤 1　文件的移动。打开" C:\WINDOWS\Web\Wallpaper"文件夹，选中其中的某些图片，然后将选中的图片移动到"E:\图片"文件夹中。

方法一：通过点击"编辑"→"移动到文件夹"命令，打开"移动项目"对话框，在该对话框中选择目标位置，点击"移动"按钮，如图 1.20，图 1.21 所示。

图 1.20　选择"移动文件夹"命令

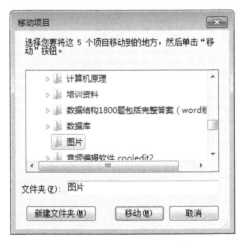

图 1.21　"移动项目"对话框

方法二：通过快捷键 Ctrl＋X（剪切），Ctrl＋V（复制）来实现。

方法三：通过鼠标来实现移动。同一磁盘中的移动：选中对象→拖动选定的对象到目标位置；不同磁盘中的移动：选中对象→按 Shift 键→拖动选定的对象到目标位置。

步骤 2　文件的复制。

方法一：通过菜单"编辑"→"复制到文件夹"命令。

方法二：通过快捷键 Ctrl＋C 复制文件，Ctrl＋V 粘贴文件。

方法三：通过鼠标来实现复制。同一磁盘中的复制：选中对象后按 Ctrl 再拖动选定的对象到目标位置；不同磁盘中的复制：选中对象后拖动选定的对象到目标位置。

▶️任务三　Windows 7 中搜索功能的应用

任务描述

学习 Windows 7 操作系统,掌握系统中搜索功能的应用。主要任务有两个方面,第一:搜索应用程序;第二:搜索计算机中存放的文件。

操作步骤

1. 搜索应用程序 Word 2007

步骤 1　用鼠标点击桌面左下方"开始"按钮,打开"开始"菜单。

步骤 2　在搜索输入框中输入"Word 2007",计算机就会自动在所有的程序中进行查找。

2. 通过计算机中的搜索功能,找到文件"winload. exe"

步骤 1　打开"计算机"窗口。

步骤 2　在搜索输入框中输入 winload. exe,系统就会自动进行搜索,如图 1.22 所示。

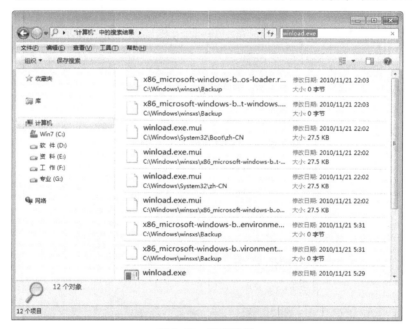

图 1.22　搜索结果

步骤 3　自己试着进行其他对象的搜索,掌握搜索功能的应用。

▶️任务四　文件夹选项与文件属性的设置

任务描述

1. 对文件的属性进行设置。

2. 对文件夹选项进行设置。

操作步骤

步骤 1　对文件的属性进行设置。

　　(1)打开"D:\029 张三-资料库\学习资料\文本"文件夹,用鼠标右击"操作系统.txt",在弹出的"快捷菜单"中选择"属性"命令,打开该文件的属性对话框,如图 1.23 所示。

图 1.23　"文本文档"属性对话框

　　(2)选中"只读"选项,然后点击"应用"和"确定"按钮。
　　(3)双击打开"操作系统.txt"文本文件,修改其中的内容。
　　(4)点击"文件"→"保存"命令,弹出"另存为"对话框,如图 1.24 所示。

图 1.24　"另存为"对话框

　　说明:文件的只读属性能够保护源文件不被修改,如果要保存修改后的只读文件,就只能对它重命名或更改存储路径。
　　(5)重复(1),选中"隐藏"选项,确定后返回上一级目录。
　　(6)再次打开"文本"文件夹,发现刚才设置为隐藏的文件已经消失。

提示：文件夹属性的设置可以效仿文件属性的设置。

步骤 2　文件夹选项的设置。

（1）打开"计算机"窗口，点击"工具"→"文件夹选项"命令，打开"文件夹选项"对话框，如图1.25 所示。

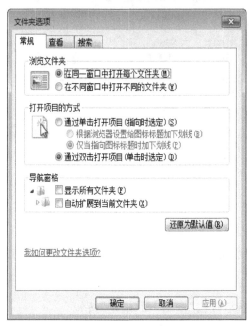

图 1.25　"文件夹选项"对话框

（2）点击"查看"标签，拖动右侧的滚动条，选中"显示所有文件和文件夹"和"隐藏已知文件类型的扩展名"选项，如图1.26 所示。

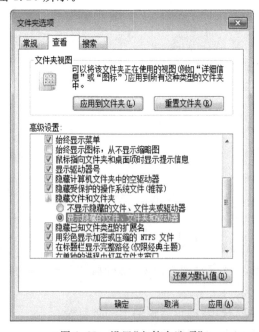

图 1.26　设置"文件夹选项"

（3）点击"应用"按钮后，结果为：

①刚才隐藏的文件显示出来了；

②文件的扩展名被隐藏了。

实验 2 系统环境的设置

实验目的：通过实验我们必须掌握系统的基本设置，包括：显示属性、日期和时间、区域属性、登录帐户的设置等。

任务一 显示属性的设置

任务描述

本实验主要是对主题、桌面、屏幕保护程序、外观以及分辨率等进行设置。

操作步骤

步骤 1 在桌面空白处点击鼠标右键，在弹出的"快捷菜单"中选择"个性化"命令，打开属性设置对话框，如图 1.27 所示。

图 1.27 "显示属性"对话框

步骤 2 点击右侧的滚动条，查找安装的主题，用鼠标选择"梦幻泡泡"主题，计算机就会响应，将原有主题更改。如图 1.28 所示。

图 1.28 "主题更改"对话框

步骤 3 点击个性化对话框中的"桌面背景"标签,打开"桌面背景"设置对话框,如图 1.29 所示。

图 1.29 背景桌面设置对话框

步骤 4 在背景区域选择自己喜欢的图片,然后点击"保存修改"按钮,桌面背景就会更改。

步骤 5 将自己喜欢的图片保存到"D:\029 张三-资料库\pictures"文件夹中,命名为"桌面背景.jpg"。

步骤 6 在图 1.29 所示的窗口中,点击"浏览"按钮,打开"浏览文件夹"窗口,寻找文件夹路径"D:\029 张三-资料库\pictures",如图 1.30 所示。

图 1.30　"浏览文件夹"窗口

步骤 7　点击"确定"按钮,如图 1.31 所示。

图 1.31　位置设置对话框

步骤 8　点击"图片位置"下拉箭头,进行个性化设置。

步骤 9　按照同样的方式,多添加几张图片,更改图片时间间隔,保存修改,查看设置效果。

步骤 10　根据上面的学习,自己设置桌面图标和屏幕保护。

任务二　日期时间属性的设置

任务描述

通过"日期和时间"的属性,对本机的时区、日期和时间进行相应的修改。

操作步骤

步骤 1　用鼠标点击屏幕右下方的时间,在弹出的时间窗口中点击"更改日期和时间设置标签",打开"日期和时间"的属性对话框,如图 1.32 所示。

图 1.32　"日期和时间"属性对话框

步骤 2　在图 1.32 所示的对话框中,点击"更改日期和时间",打开日期时间设置对话框,设置系统的日期和时间,如图 1.33 所示。

图 1.33　日期时间设置

步骤 3　在图 1.32 所示的对话框中,点击"更改时区"标签,打开时区设置对话框,在时区对应地下拉箭头中选择所在的时区。

步骤 4　在图 1.32 所示的对话框中,点击"Internet 时间"标签,在打开的对话框中点击"更改设置"命令,打开"Internet 时间设置"对话框,选中"与 Internet 时间服务器同步"选项,在"服务器"下拉列表框中选择"time.Windows.com"选项,点击"立即更新"按钮,确认后退出即可。

注意:如果要设置与 Internet 时间同步,则您的计算机就必须与 Internet 连接。

任务三　区域属性的设置

任务描述

设置计算机所处的地理位置区域,并对区域选项进行设置,包括:数字、货币、日期、时间等数据格式的设置。

操作步骤

步骤 1　点击"开始"→"控制面板"→"区域和语言"选项,打开"区域和语言"对话框,如图 1.34 所示。

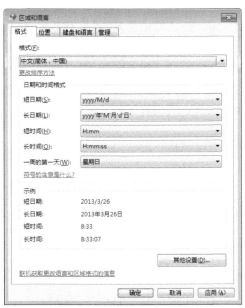

图 1.34　"区域和语言"对话框

步骤 2　在"区域和语言"对话框中,点击"位置"标签,设定当前位置为中国。

步骤 3　点击"格式"标签,在"格式"下拉列表中选择"简体中文"。

步骤 4　在"日期和时间格式"设置栏中,点击对应项目后面的下拉列表,设置它们的格式。

步骤 5　点击"其他设置"按钮,打开"自定义格式"设置对话框,如图 1.35 所示。

步骤 6　点击"数字"选项卡,进入"数字格式"设置对话框,分别点击各项右边的"下拉箭头",选择相应地格式,设置结果参照图 1.35。

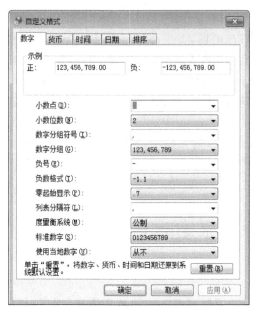

图 1.35 "自定义区域选项"对话框

步骤 7 点击"货币"选项卡,进入"货币格式"设置对话框,对货币的表示形式进行设置。

步骤 8 点击"时间"选项卡,进入"时间格式"设置对话框,对时间的格式进行设置。

步骤 9 点击"日期"选项卡,进入"日期格式"设置对话框,进行日期格式设置。

步骤 10 点击"排序"选项卡,进入"排序"设置对话框,对"排序方法"进行设置。

步骤 11 点击"应用"按钮,确定后设置的格式生效。

任务四 系统登录账户的设置

任务描述

建立不同权限的帐户,对帐户进行基本的操作,包括账户的查看、删除、权限的设置、密码的设置等。

操作步骤

步骤 1 点击"开始"→"控制面板"→"用户帐户"选项,打开"用户帐户"窗口,如图 1.36所示。

图 1.36 "用户账户"窗口

步骤 2　点击"管理其他账户"标签,打开如图 1.37 所示窗口。

图 1.37　账户管理

步骤 3　点击"设置一个新账户"标签,进入"账户设置"对话框,输入新账户的名称为"lily",权限设置为"标准用户",如图 1.38 所示。

图 1.38　创建账户

步骤 4　点击"创建帐户"按钮,账户创建成功,如图 1.39 所示。

图 1.39　账户创建结果

步骤 5　在如图 1.39 所示的窗口中,点击新创建的账户"lily",进入"更改账户"对话框,如图 1.40 所示。

图 1.40　账户设置窗口

步骤 6　点击"创建密码"标签,进入"密码创建"窗口,输入密码"123",如图 1.41 所示。

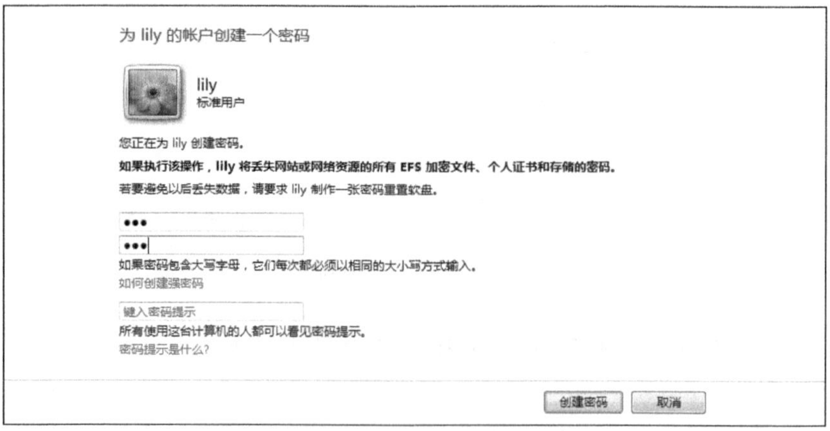

图 1.41　创建密码

步骤 7　点击"创建密码"按钮,密码创建成功,如图 1.42 所示。

图 1.42　密码创建结果

步骤 8　根据上面的学习,自己进行"更改账户名称","删除密码","更改用户类型"等项目的学习。

步骤 9　用鼠标右击桌面图标"计算机"→"管理"→"本地用户和组"→"用户"选项,打开"计算机管理"对话框,查看所有帐户信息,并对帐户进行相应地设置,如设置密码、重命名、删除、禁用等操作,如图 1.43 所示。

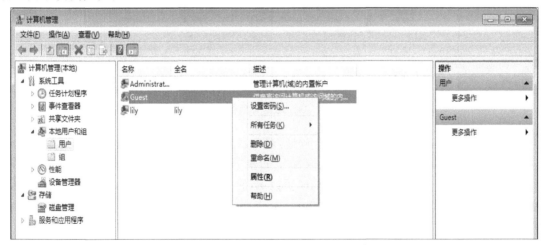

图 1.43　"用户账户"的查看及管理

实验 3　计算机存储设备的管理

实验目的:通过实验,要求能够对磁盘进行相应的操作,包括:对磁盘的管理、清理、碎片整理以及掌握移动设备(U 盘)的使用方法等。

任务一　磁盘的管理

任务描述

磁盘是计算机的核心部件之一,存储着系统和用户的所有信息,所以我们必须对硬盘进行很好的管理,包括:磁盘信息的查看,驱动器名称的更改,磁盘的格式化,逻辑驱动器的建立和删除等。

操作步骤

步骤 1　用鼠标右击"计算机"→"管理"→"存储"→"磁盘管理"选项,打开"磁盘"管理窗口,如图 1.44 所示。

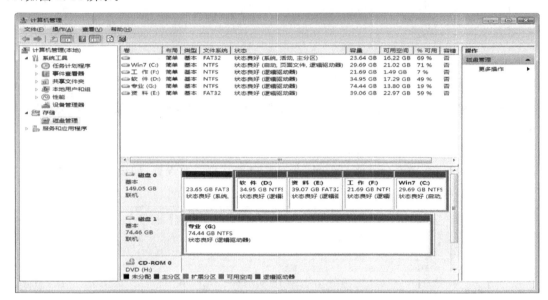

图 1.44　磁盘管理窗口

步骤 2　查看各驱动器的基本信息,包括:名称、容量、分区类型、使用情况等。

步骤 3　更改驱动器的名称。用鼠标右击"E 盘",在弹出的"快捷菜单"中选择"更新驱动器名称和路径"命令,如图 1.45 所示,打开"更改 E:的驱动器号和路径"窗口,如图 1.46 所示,点击"更改"按钮,弹出"更改驱动器号和路径"窗口,如图 1.47 所示,点击右侧的下拉箭头,在弹出的字母中选择"K"选项(即就是将 E 盘改为 K 盘),点击"确定"按钮。

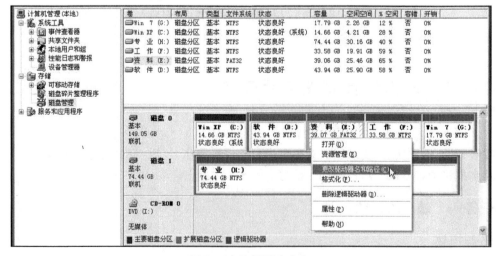

图 1.45　选择更改命令

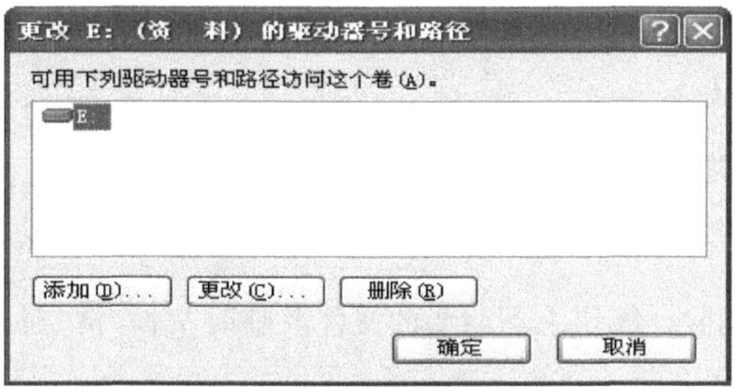

图 1.46　显示要更改的盘符

图 1.47　选择驱动器号

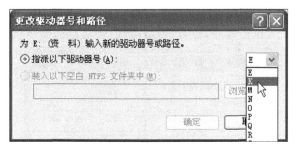

　　步骤 4　格式化驱动器。用鼠标右击"E 盘",在弹出的"快捷菜单"中选择"格式化"命令,打开"格式化"窗口,在"文件系统"下拉列表框中选择"NTFS"格式,选择"执行快速格式化"选项,如图 1.48 所示,点击"确定"按钮即可。

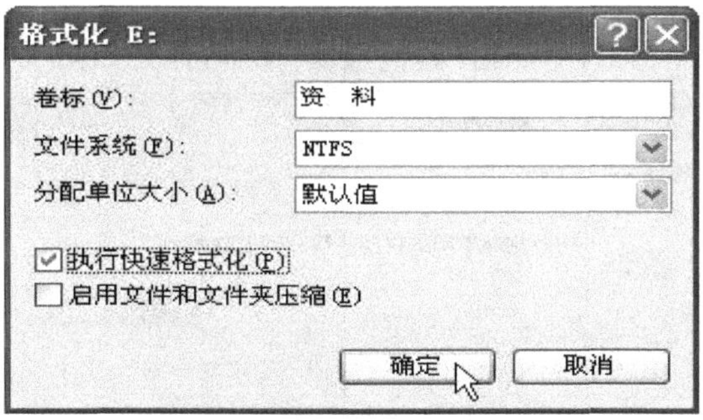

图 1.48　"格式化"窗口

　　注意: 执行格式化后,E 盘上所有数据信息将丢失,所以在进行格式之前,首先要对 E 盘上的数据进行备份。

　　步骤 5　删除逻辑驱动器 E。用鼠标右击"E 盘",在弹出的"快捷菜单"中选择"删除逻辑驱动器"命令,确认删除即可。

　　步骤 6　新建逻辑驱动器。右击"可用空间"(一般用绿色标注),在弹出的菜单中选择"新建逻辑驱动器"命令。

　　步骤 7　在打开的"磁盘分区向导"窗口中,点击"下一步"按钮,选中"逻辑驱动器"→点击"下一步"按钮→通过点击"分区大小"右侧的"⬍"箭头,设置分区的大小为"52611 MB"→点击"下一步"按钮→点击"指派驱动器号"右侧的下拉箭头,选中"F"→点击"下一步"按钮→设置

"文件系统"为"NTFS",选择"执行快速格式化"→点击"下一步"按钮→点击"完成"按钮,新的逻辑驱动器(E)建立成功。

任务二　磁盘清理

任务描述

对磁盘进行清理,删除计算机上不需要的文件及临时文件、清空回收站等,回收存储空间供用户使用。

操作步骤

步骤 1　点击"开始"按钮,在程序搜索输入框中输入"磁盘清理",系统响应后,在开始菜单中显示"磁盘清理"程序,点击程序,打开"磁盘清理:驱动器选择"对话框,如图 1.49 所示。

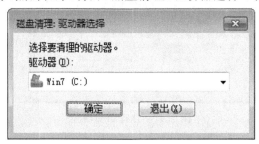

图 1.49　"驱动器选择"窗口

步骤 2　在"驱动器"下拉列表中选择"D 盘",点击"确定"按钮,打开"D 盘磁盘清理"窗口,在"需要删除的文件"选择框中选择需要删除的文件,点击"确定"按钮即可。

步骤 3　在"磁盘清理"窗口中点击"其他选项"标签,打开如图 1.50 所示对话框。

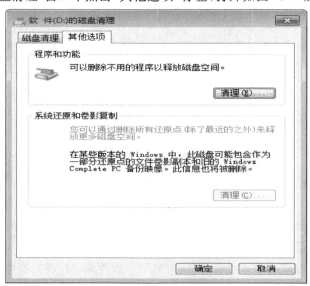

图 1.50　其他清理选项

步骤 4　点击"程序和功能"栏中的"清理"按钮,对那些不用的程序进行删除,释放更多的磁盘空间,如图 1.51 所示。

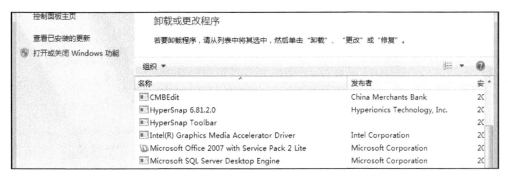

图 1.51　程序卸载窗口

任务三　磁盘碎片整理

任务描述

计算机经过长期使用后，会在磁盘上产生一些碎片和凌乱的文件，需要进行整理，释放出更多的磁盘空间，提高计算机的整体性能和运行速度。

操作步骤

步骤 1　点击"开始"按钮，在程序搜索输入框中输入"磁盘碎片整理程序"，系统响应后，在开始菜单中显示"磁盘碎片整理程序"，点击此程序，系统打开"磁盘碎片整理程序"对话框，如图 1.52 所示。

图 1.52　"磁盘碎片整理"窗口

步骤 2　选中"E 盘"，点击下方的"分析磁盘"按钮，查看"磁盘碎片"情况。

步骤 3　分析完成后，点击"碎片整理"按钮，开始碎片整理，结果如图 1.53 所示。

图 1.53　磁盘碎片整理

步骤 4　重复以上操作,对其他盘符进行碎片整理。

注意:要进行碎盘整理,被整理磁盘必须有 15% 的剩余空间,所以整理之前首先检查磁盘的利用情况。

任务四　移动设备的使用

任务描述

掌握移动磁盘的正确使用方法,以及简单故障的排除。

操作步骤

步骤 1　移动设备的使用。

(1)把移动设备盘插入计算机的 USB 接口中,待屏幕右下角出现" "图标,说明计算机已经检查到了移动设备盘。

(2)打开"计算机"选择移动设备盘进行操作,如:对移动设备盘重命名、数据传输、格式化、查杀病毒等。

(3)如果在屏幕右下方有移动设备盘的图标,但是在"计算机"中找不到移动设备盘,一般可以通过打开"磁盘管理",更改移动设备盘的驱动器名称即可。

步骤 2　移动设备盘的退出。不能直接拔出,否则可能会损坏数据,一般有两种方法。

方法一:

(1)点击屏幕右下角" "图标,打开"弹出 USB 设备列表"窗口,如图 1.54 所示。

图 1.54　USB 设备列表

图 1.55　安全移除硬件提示框

(2)点击"弹出 USB DISK 2.0",等到弹出如图 1.55 所示的窗口以后,就可以拔掉 U 盘了。

方法二:打开"计算机",在右边的磁盘信息窗口中,找到需要弹出的移动存储设备,在上面右击,在弹出的快捷菜单中,选择弹出命令,等到系统弹出如图 1.55 所示的提示窗口,就可以拔下移动设备。

实验4 计算机应用软件的安装和使用

实验目的:通过实验,掌握常用应用软件的安装和卸载方法,程序的运行方式,快捷方式的创建以及任务管理器的使用等。

任务一 应用软件的安装

任务描述

应用软件一般分为绿色软件和非绿色软件,它们的安装方式是不同的,通过对这两种软件的安装,掌握常用应用软件的安装方法。

操作步骤

步骤 1 绿色软件的安装。

(1)从网上或软件光盘上获取需要的软件。

(2)将组成该软件系统的所有文件按原结构复制到计算机硬盘上即可。

步骤 2 非绿色软件的安装,通常的操作方法是双击安装程序 setup. exe 或 install. exe,根据安装向导进行操作即可。

下面以 QQ 的安装为例进行操作。

(1)从网上下载"QQ 2013"安装程序,保存在我的电脑"D:\软件"文件夹中。

(2)双击"QQ2013. exe"安装程序,打开安装向导窗口,选中"已阅读并同意软件协议"→点击"下一步"按钮→选择"安装选项",设置"快捷方式选项"→点击"下一步"按钮→选择"安装路径"为"C:\Program Files\Tencent\QQ",选择"个人文件夹"保存到"我的文档"选项→点击"下一步"按钮→进行安装→点击"完成"按钮即可。

总结:安装软件一般分为以下 6 步:运行安装程序→接受协议→选择安装组件→安装目录设置→进行安装→点击"完成"按钮。

任务二 应用软件的卸载

任务描述

卸载计算机上的应用软件,掌握不同软件的卸载方法。

操作步骤

步骤 1 绿色软件的卸载。将组成该软件系统的所有文件从计算机上删除即可。

步骤 2 非绿色软件的卸载。需要通过相应地卸载程序来实现,一般有三种方法,下面以卸载"QQ2013"聊天软件为例进行卸载操作。

（1）利用自身所带的卸载程序进行卸载

①点击"开始"→"程序"→"腾讯软件"→"QQ2013"→"卸载 QQ2013"命令，弹出如图 1.56所示。

图 1.56　"卸载程序"确认窗口

图 1.57　卸载进度窗口

②弹出"卸载"确认窗口，点击"是"按钮，开始卸载，如图 1.57 所示。

（2）利用"控制面板"中的"添加删除程序"来进行卸载

①点击"开始"→"控制面板"→"程序和功能"选项，打开"卸载和更改程序"对话框。

（3）选择框中选择"腾讯 QQ2013"选项，如图 1.58 所示。

图 1.58　选择卸载程序

③点击"卸载"按钮，根据提示操作即可。

（3）通过管理软件卸载，如"360 软件管家"等。

任务三　程序快捷方式的建立

任务描述

快捷方式是 Windows 提供的一种快速启动程序、打开文件或文件夹的方法，是应用程序的快速连接，通过实验进一步理解快捷方式的本质，掌握三种创建快捷方式的方法。

操作步骤

步骤 1　用鼠标右击桌面空白处，在弹出的"快捷菜单"中选择"新建"→"快捷方式"命令，打开"创建快捷方式向导"窗口。

步骤 2　在向导窗口中点击"浏览"按钮，选择需要建立快捷方式的应用程序，如："C：\Program Files\QQ\Bin\QQ.exe"文件。

步骤 3　点击"确定"→"下一步"→"输入快捷方式名称"→"完成"按钮。

步骤 4　查看桌面,出现"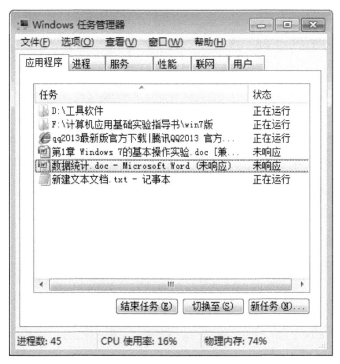"图标。

任务四　程序的运行与结束

任务描述

以 QQ 聊天程序为例进行操作,学习程序的运行与结束方法,以及通过任务管理器终止那些结束不了或无响应的程序。

操作步骤

步骤 1　运行 QQ 聊天程序。

方法一:打开"C:\Program Files\QQ\Bin"文件夹",双击"QQ.exe"文件。

方法二:双击桌面"QQ"快捷方式。

方法三:点击"开始"→"运行"→"浏览"→"C:\Program Files\QQ\Bin\QQ.exe"→"确定"即可。

步骤 2　结束 QQ 聊天程序。

方法一:点击 QQ 窗口右上角上的"☒(关闭)"按钮。

方法二:利用快捷键 Alt+F4。

步骤 3　利用任务管理器关闭未响应的程序。

按"Ctrl+Alt+Del 键(或右击任务栏)"→"任务管理器"命令,打开"任务管理器窗口",点击"应用程序"标签,选择"未响应的程序",点击"结束任务"按钮即可,如图 1.59 所示。

图 1.59　结束未响应的程序

实验作业

任务描述

◇ 建立一个资料库,存放学习、娱乐等资料。

◇ 对资料库中的文件和文件夹进行操作,包括:重命名、属性的设置、内容的修改、删除、与程序的关联等。

◇ 对计算机的系统环境进行设置。

◇ 对计算机的磁盘进行管理,包括:磁盘信息的查看、盘符名称的更改、驱动器的删除、新建、U 盘的使用等。

◇ 管理计算机上的程序软件,包括软件的安装、卸载、快捷方式的创建等。

第2章　Word 文字处理操作实验

实验概要

随着办公自动化水平的提高，需要掌握一种自动化的文档处理工具，Word 就是目前主流的文档编辑和处理软件。它是微软公司推出的 Office 系列办公软件中的一个重要组件，具有界面友好、使用方便、应用广泛、功能强大等特点，通过 Word 中的文字编辑、文档排版、表格制作、多媒体混排、图像处理、邮件发送等功能，可以完成各种论文、图书、邮件、信封、备忘录、报告、报刊的编辑与设计。

结合本章的学习要求，为了进一步加深学生对知识点的理解，提高他们实际操作的能力，总共安排了 4 个实验，通过实验，我们应该掌握以下知识点：

◇ 文档的基本操作与排版。掌握 Word 文档的创建、打开、编辑、保存、文字、段落、页面等格式的设置功能。

◇ 文档中表格的插入与设计。掌握在 Word 文档中插入表格以及对表格的编辑与设置。包括：插入表格的方法；设置表格边框和底纹、设置表格属性、表格数据的处理、合并和拆分单元格、表格中绘制工具的使用等。

◇ 图文混排。掌握文本中图片的插入与编辑、艺术字的设计、图文混排方式、页眉和页脚、页面排版等知识。

◇ 长篇论文的排版与设计。掌握长篇文档结构的设置、文档的排版、标题级别的设定、目录的生成、页码的设置、修订功能等。

实验 1　文档的基本操作

实验目的：通过本次实验，主要掌握 Word 文档的创建、编辑、打开、保存和关闭；掌握对文本内容的选择、复制、粘贴、移动、删除、修改、插入等基本的编辑功能；掌握文档字体、段落、页面等格式的设置。

▶️ 任务一　入党申请书的排版和设计

任务描述

入党申请书的编写。样式参考如图 2.1 所示。

入党申请书

敬爱的党组织：

　　我志愿加入中国共产党，愿意为共产主义事业奋斗终身。中国共产党是中国工人阶级的先锋队，是中国各族人民利益的忠实代表，是中国社会主义事业的领导核心。她始终代表中国先进生产力的发展要求，代表中国先进文化的前进方向，代表中国最广大人民的根本利益，为实现国家和人民的根本利益而不懈奋斗。

　　1921 年中国共产党诞生！她的诞生使中国革命的面目焕然一新。在党的领导下，中国人民历经了千难万险，推翻了三座大山。取得了新民主主义的伟大胜利，建立了社会主义新中国。中国共产党自成立之日起，一直忠实代表工人阶级和各族人民的根本利益，全心全意为人民服务；党的辉煌历史，是中国共产党为民族解放和人民幸福，前赴后继，英勇奋斗的历史；是马克思主义普遍原理同中国革命和建设的具体实践相结合的历史；是坚持真理，修正错误，战胜一切困难，不断发展壮大的历史。

　　我加入党是发自内心深处的一种执著与崇高的信念，这种信念给了我克服一切障碍、追随中国共产党建设社会主义中国的勇气、信心和力量。即使组织上认为我尚未符合一个党员的资格，我也将按党章的标准，严格要求自己，总结经验，寻找差距，继续努力，争取早日加入党组织。请党组织在实践中考验我！

　　此致

敬礼！

　　　　　　　　　　　　　　　　　　　　　　　　申请人：张三

　　　　　　　　　　　　　　　　　　　　　　　　2010 年 2 月

图 2.1　"入党申请书"样式

操作步骤

步骤 1　点击"开始"→"程序"→"Microsoft Office"→"Microsoft Office Word 2007"（或双击桌面 Word 2007 快捷方式），新建一个 Word 文档，输入以下内容：

"入党申请书敬爱的党组织：我志愿加入中国共产党，愿意为共产主义事业奋斗终身。中国共产党是中国工人阶级的先锋队，是中国各族人民利益的忠实代表，是中国社会主义事业的领导核心。她始终代表中国先进生产力的发展要求，代表中国先进文化的前进方向，代表中国最广大人民的根本利益，为实现国家和人民的根本利益而不懈奋斗。1921 年中国共产党诞生！她的诞生使中国革命的面目焕然一新。在党的领导下，中国人民历经了千难万险，推翻了三座大山。取得了新民主主义的伟大胜利，建立了社会主义新中国。中国共产党自成立之日起，一直忠实代表工人阶级和各族人民的根本利益，全心全意为人民服务；党的辉煌历史，是中国共产党为民族解放和人民幸福，前赴后继，英勇奋斗的历史；是马克思主义普遍原理同中国革命和建设的具体实践相结合的历史；是坚持真理，修正错误，战胜一切困难，不断发展壮大的历史。我加入党是发自内心深处的一种执著与崇高的信念,这种信念给了我克服一切障碍、追随中国共产党建设社会主义中国的勇气、信心和力量. 即使组织上认为我尚未符合一个党员的资格,我也将按党章的标准,严格要求自己,总结经验,寻找差距,继续努力,争取早日加入党组织。请党组织在实践中考验我! 此致敬礼! 申请人:张三 2010 年 2 月"

步骤 2　点击"office 按钮"→"保存",弹出"另存为"对话框,在"保存位置"下拉列表框中选择"D:\个人资料"文件夹,在"文件名"输入框中输入"入党申请书",在"保存类型"下拉列表框中选择"Word 文档(∗ . Docx)",点击"保存"按钮,如图 2.2 所示。

图 2.2　"另存为"对话框

也可以使用以下方式进行保存:① 点击"office 按钮" →"另存为";② 点击"快速访问工具栏"中的"■"按钮;③ 利用快捷键 Ctrl+s;④ 直接关闭文档,系统会提示您"是否保存"。

步骤 3　设置页面格式。点击"页面布局"→"页面设置",选择"纸张"标签,在"纸张大小"下拉列表框中选择"A4"选项,如图 2.3 所示。

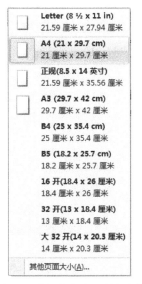

图 2.3　"纸张大小"下拉列表

步骤 4　对文档进行简单分段。分段方法：将光标移动到需要分段的位置，按回车键即可，分段结果图 2.4 所示。

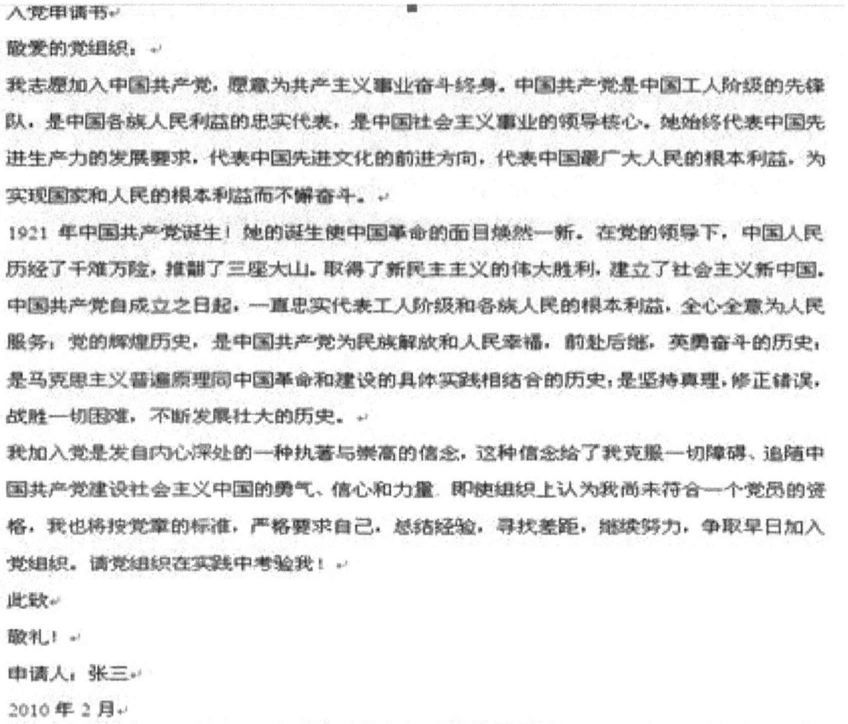

入党申请书

敬爱的党组织：

我志愿加入中国共产党，愿意为共产主义事业奋斗终身。中国共产党是中国工人阶级的先锋队，是中国各族人民利益的忠实代表，是中国社会主义事业的领导核心。她始终代表中国先进生产力的发展要求，代表中国先进文化的前进方向，代表中国最广大人民的根本利益，为实现国家和人民的根本利益而不懈奋斗。

1921 年中国共产党诞生！她的诞生使中国革命的面目焕然一新。在党的领导下，中国人民历经了千难万险，推翻了三座大山，取得了新民主主义的伟大胜利，建立了社会主义新中国。中国共产党自成立之日起，一直忠实代表工人阶级和各族人民的根本利益，全心全意为人民服务，党的辉煌历史，是中国共产党为民族解放和人民幸福，前赴后继，英勇奋斗的历史，是马克思主义普遍原理同中国革命和建设的具体实践相结合的历史；是坚持真理，修正错误，战胜一切困难，不断发展壮大的历史。

我加入党是发自内心深处的一种执著与崇高的信念，这种信念给了我克服一切障碍、追随中国共产党建设社会主义中国的勇气、信心和力量。即使组织上认为我尚未符合一个党员的资格，我也将按党章的标准，严格要求自己，总结经验，寻找差距，继续努力，争取早日加入党组织。请党组织在实践中考验我！

此致

敬礼！

申请人：张三

2010 年 2 月

图 2.4　申请书分段样图

步骤 5　字体格式的设置。

(1)选择标题"入党申请书"，单击"开始"标签→"字体"部分，单击"字体"设置部分中右下角按钮，出现"字体"对话框，在"中文字体"下拉列表框中选择"宋体"，在"字形"中选择"加粗"，在"字号"下拉列表中选择"二号"，点击"确定"按钮，如图 2.5 所示。

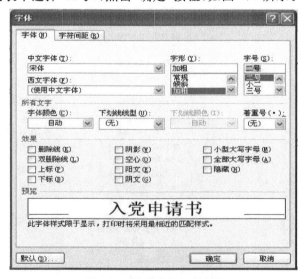

图 2.5　"字体"设置对话框

字体的设置也可以通过"常用"工具栏中"Times New F ▾｜五号　▾"下拉列表框来实现。

（2）按照标题的设置方法，分别设置称谓、申请人和日期为：宋体、小四；正文为：宋体，五号格式。

步骤 6　段落格式的设置。

（1）选择标题，点击"开始"→"段落"（或右击鼠标，在弹出的"快捷菜单"中选择"段落"命令），点击"段落"右下角按钮，打开"段落"对话框，选择"缩进和间距"标签，在"对齐方式"下拉列表中选择"居中"选项，在"段后"设置框中输入"1.5 行"，点击"确定"按钮，如图 2.6所示。

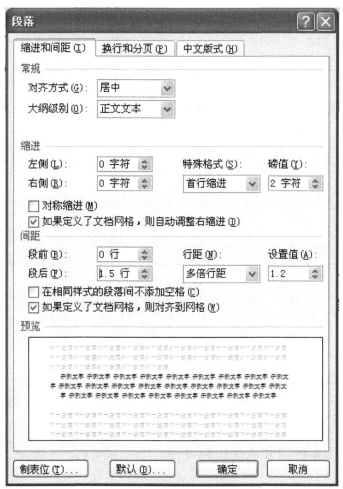

图 2.6　"段落"设置对话框

通过点击"段落"部分的"≡"按钮也可以实现居中。

（2）选中正文，点击"开始"→"显示段落"命令，打开"段落"设置对话框，选择"缩进和间距"标签，在"对齐方式"下拉列表中选择"两端对齐"，在"特殊格式"下拉列表中选择"首行缩进"，在"度量值"中输入"2 字符"。

（3）在"段前、段后"设置框中输入"0 行"，在"行距"下拉列表中选择"固定值"，在"设置值"中输入"18 磅"，点击"确定"按钮，如图 2.7 所示。

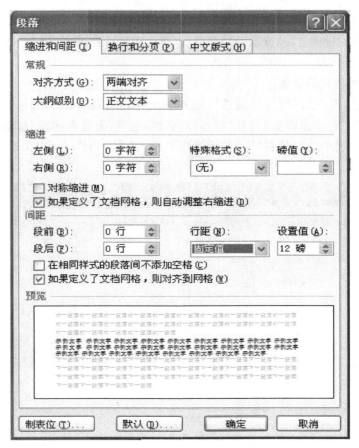

图 2.7　正文段落设置

（4）选中"申请人和日期"，点击"段落"工具栏中的"≡"按钮，将申请人和日期两行将右对齐；

（5）选中"申请人"，按照标题的设置方法，将"段前"间距设置为"3 行"。

步骤 7　保存文档，并查看排版结果，如图 2.1 所示。

步骤 8　关闭文档。常用的方法有：①点击"office 按钮"→"关闭"；②点击右上角"关闭"按钮；③使用快捷键"Alt＋F4"；

▶任务二　操作系统简介的排版和设计

任务描述

新建一个 Word 文档，输入相关内容，保存为"操作系统简介.docx"，存储到"D:\个人资料"文件夹中。版式设计要求：纸张大小为 A4，页面加艺术边框；插入自拟标题，设置标题格式为"华文新魏、二号、加粗、居中"，标题与正文间插入一条虚线；正文格式：中文"宋体"，西文"Times New Roman"，字号"五号"；将"operating system"改为首字母大写，字体颜色改为"紫罗兰"，添加着重号和文字效果；将其它字母改为大写，并设置边框和底纹；将第一段分成两栏，最后一段分成三栏，加分割线，首字下沉两行；查找"管理"和"分为"词组，并将其替换为"加粗带灰色下划线"格式。将排版好的文档保存，参考样式如图 2.8 所示。

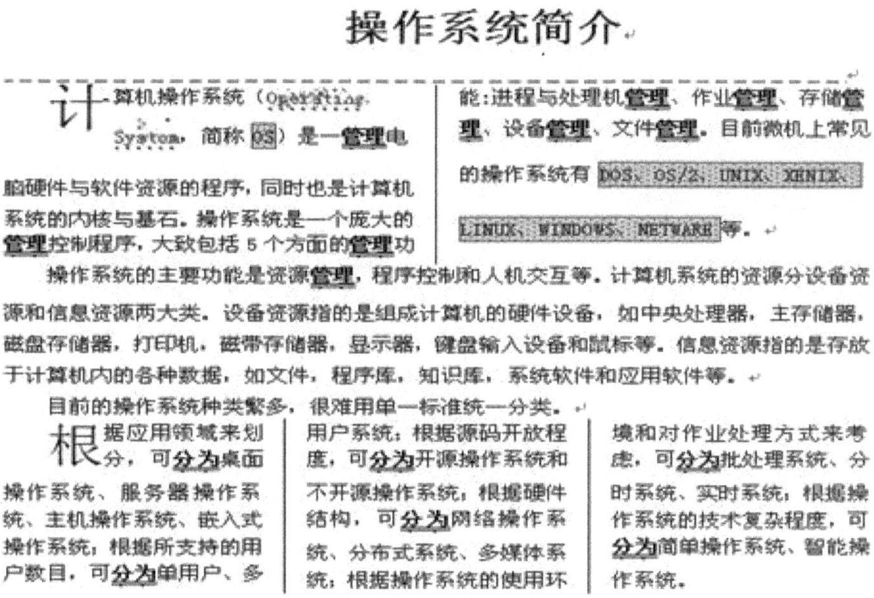

操作系统简介

计算机操作系统（Operating System，简称 OS）是一管理电脑硬件与软件资源的程序，同时也是计算机系统的内核与基石。操作系统是一个庞大的**管理**控制程序，大致包括 5 个方面的**管理**功能：进程与处理机**管理**、作业**管理**、存储**管理**、设备**管理**、文件**管理**。目前微机上常见的操作系统有 DOS、OS/2、UNIX、XENIX、LINUX、WINDOWS、NETWARE 等。

操作系统的主要功能是资源**管理**，程序控制和人机交互等。计算机系统的资源分设备资源和信息资源两大类。设备资源指的是组成计算机的硬件设备，如中央处理器，主存储器，磁盘存储器，打印机，磁带存储器，显示器，键盘输入设备和鼠标等。信息资源指的是存放于计算机内的各种数据，如文件，程序库，知识库，系统软件和应用软件等。

目前的操作系统种类繁多，很难用单一标准统一分类。根据应用领域来划分，可**分为**桌面操作系统、服务器操作系统、主机操作系统、嵌入式操作系统；根据所支持的用户数目，可**分为**单用户、多用户系统；根据源码开放程度，可**分为**开源操作系统和不开源操作系统；根据硬件结构，可**分为**网络操作系统、分布式系统、多媒体系统；根据操作系统的使用环境和对作业处理方式来考虑，可**分为**批处理系统、分时系统、实时系统；根据操作系统的技术复杂程度，可**分为**简单操作系统、智能操作系统。

图 2.8　参考样图

操作步骤

步骤 1　启动 Word 2007，新建文档，打开"字体"设置对话框，在"中文字体"下拉列表框中选择"宋体"，在"西文字体"下拉列表框中选择"Times New Roman"，在"字形"下拉列表框中选择"常规"，在"字号"下拉列表框中选择"五号"，如图 2.9 所示。

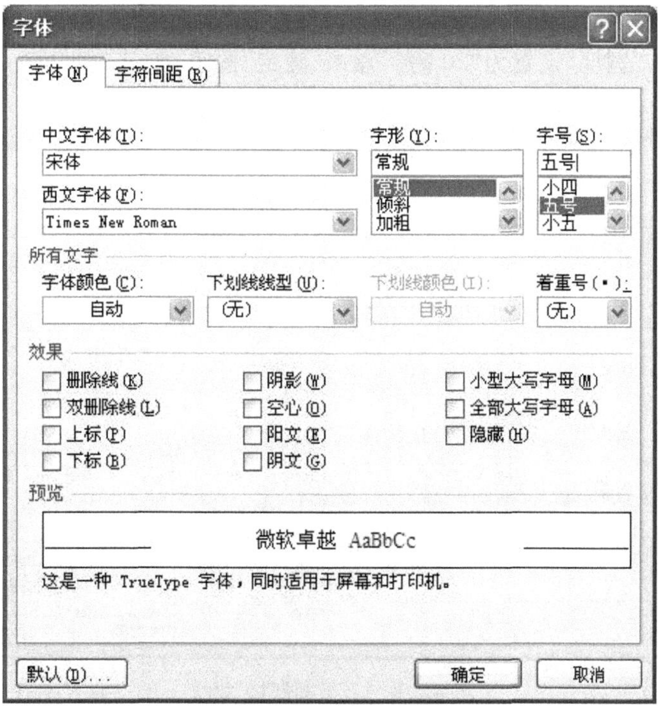

图 2.9　设置字体格式

步骤 2　输入以下内容：

计算机操作系统（operating system，简称 os）是一管理电脑硬件与软件资源的程序，同时也是计算机系统的内核与基石。操作系统是一个庞大的管理控制程序，大致包括 5 个方面的管理功能：进程与处理机管理、作业管理、存储管理、设备管理、文件管理。目前微机上常见的操作系统有 dos、os/2、unix、xenix、linux、windows、netware 等。

操作系统的主要功能是资源管理，程序控制和人机交互等。计算机系统的资源可分为设备资源和信息资源两大类。设备资源指的是组成计算机的硬件设备，如中央处理器，主存储器，磁盘存储器，打印机，磁带存储器，显示器，键盘输入设备和鼠标等。信息资源指的是存放于计算机内的各种数据，如文件，程序库，知识库，系统软件和应用软件等。

目前的操作系统种类繁多，很难用单一标准统一分类。

根据应用领域来划分，可分为桌面操作系统、服务器操作系统、主机操作系统、嵌入式操作系统；根据所支持的用户数目，可分为单用户、多用户系统；根据源码开放程度，可分为开源操作系统和不开源操作系统；根据硬件结构，可分为网络操作系统、分布式系统、多媒体系统；根据操作系统的使用环境和对作业处理方式来考虑，可分为批处理系统、分时系统、实时系统；根据操作系统的技术复杂程度，可分为简单操作系统、智能操作系统（见智能软件）。所谓的简单操作系统，指的是计算机初期所配置的操作系统。

步骤 3　点击"常用"工具栏中的"保存"按钮，打开"另存为"对话框，在"保存位置"下拉列表框中选择"D:\个人资料"文件夹，在"文件名"输入框中输入"操作系统简介"，在"保存类型"下拉列表框中选择"Word 文档（*.docx)"，点击"保存"按钮。

步骤 4　设置页面格式。点击"页面布局"→"页面设置"选项夹，点击显示"页面设置"按钮，选择"纸张"标签，在"纸张大小"下拉列表框中选择"A4"，选择"页面背景"标签，点击"页面边框"按钮，打开"边框和底纹"对话框，在对话框中点击"页面边框"标签，在"艺术型"下拉列表框中选择一款边框，"宽度"设置为"20 磅"，点击"确定"按钮，如图 2.10 所示。

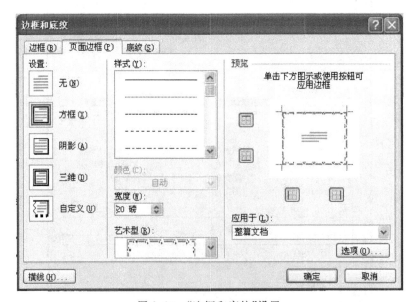

图 2.10　"边框和底纹"设置

步骤 5　插入标题。将光标移动到文章首字前面,按回车键插入一行,输入标题"操作系统简介",选中标题,打开"开始—字体"设置对话框,设置标题为"华文新魏、二号、加粗、居中"格式。

步骤 6　继续插入一行,将光标移动至插入行,打开"字体"设置对话框,在"下划线线型"下拉列表框中选择虚线,点击"确定"按钮,按空格键至行尾,即可在标题和正文间插入一条虚线,如图 2.11 所示。

图 2.11　插入一条虚线图

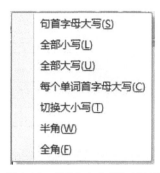

图 2.12　"更改大小写"对话框

步骤 7　选中"Operating System",点击"开始"→"字体"→"更改大小写"命令 Aa⁻,打开"更改大小写"对话框,选择"词首字母大写"选项,点击"确定"按钮,如图 2.12 所示。

步骤 8　选中"Operating System"字样,打开"字体"格式设置对话框,点击"字体"标签,在"字体颜色"下拉列表框中选择"紫罗兰",在"着重号"下拉列表框中选择"着重号",在"效果"选项中选择"阴影"效果,如图 2.13 所示。

图 2.13　设置文字的基本效果

步骤 9　设置其他字母的格式。选中字母，按照步骤 7 的操作方法，将其设置为"大写"。点击"页面布局"→"页面背景"→"页面边框"，打开"边框和底纹"设置对话框，点击"边框"标签，选择"方框"，在线条下拉列表框中选择"虚线"，在"颜色"下拉列表框中选择"褐色"，在宽度下拉列表框选择"1.0 磅"，如图 2.14 所示。点击"底纹"标签，在"填充"中选择"黑色－25％"，在"样式"下拉列表框中选择"15％"，在颜色下拉列表框中选择"蓝色"，点击"确定"按钮，如图 2.15 所示。

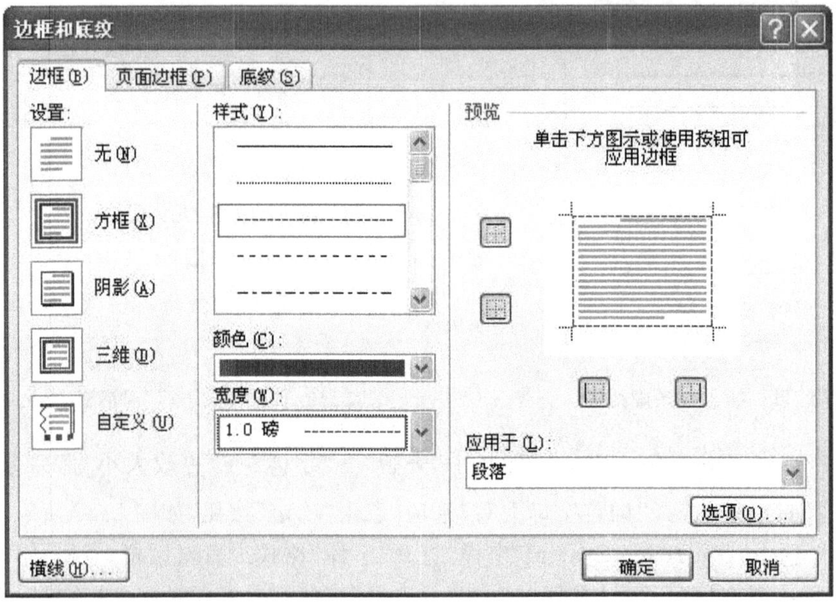

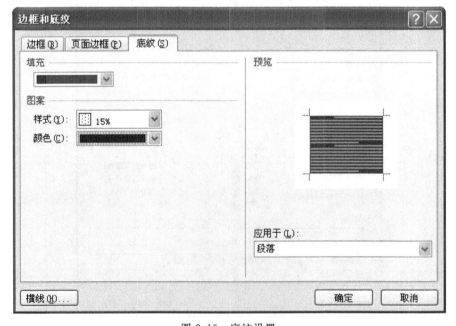

图 2.14　边框设置

图 2.15　底纹设置

步骤 10 选择第一段,点击"页面布局"→"页面设置"→"分栏",打开"分栏"设置对话框,选择"两栏",选中"分割线",点击"确定"按钮,如图 2.16 所示。

图 2.16 分栏设置

步骤 11 将光标移动到第一段段首,点击"插入"→"文本"→"首字下沉",打开"首字下沉"设置对话框,在"首字下沉选项"中选择"下沉","字体"下拉列表框中选择"华文行楷",在"下沉数"数值框中输入"2",点击"确定"按钮,如图 2.17 所示。

图 2.17 设置首字下沉

步骤 12 点击"开始"→"查找"命令,打开"查找和替换"设置对话框,点击"替换"标签,在"查找内容"输入框中输入"管理",在"替换为"输入框中输入"管理",点击"格式"→"字体",弹出"字体"设置对话框,在"k 字形"下拉列表框中选择"加粗",在"下划线线型"下拉列表框中选择"双横线",在"下划线颜色"下拉列表框中选择"深红",在着重号下拉列表框中选择"·",点击"确定"按钮,返回"查找和替换"设置对话框,点击"替换全部"按钮,文中所有的"管理"词组都会改为新的格式。如图 2.18 所示。

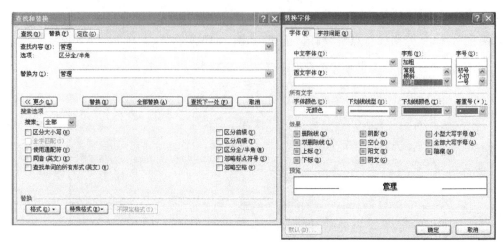

图 2.18　"替换和查找"对话框

步骤 13　按照上面的方法将最后一段分为三栏,首字下沉,并使用"替换功能"将"分为"字样改为"加粗、带双划线和着重号"的格式。

实验 2　文档中表格的插入和设计

实验目的:通过本次实验,掌握 Word 中表格的实现方法;掌握表格的创建、编辑、格式的设置、单元的合并与拆分,表格中数据格式的设置,以及图片的插入等知识。

▶任务一　求职简历的设计

任务描述

在 Word 中插入表格,制作个人求职简历,纸张大小为 A4,表格居中;标题"求职简历",格式"隶书、一号、加粗、居中";1-6 行行高"1 厘米",第 7 列列宽"3 厘米";表格中的"姓名"、"性别"等字段名格式为"楷体_GB2312、四号、加粗、居中",对应的内容格式为"楷体_GB2312、四号、常规、居中";"教育经历"、"个人能力"等单元格中文字方向为"垂直竖排",加灰度 40％的底纹,单元格中的内容"两端对齐"。将设计好的求职简历保存为"求职简历. docx",存储到"D:\个人资料"文件夹中。样式如图 2.19 所示。

操作步骤

步骤 1　启动 Word 2007,点击"页面布局"→"页面设置按钮",打开"页面设置"对话框,点击"纸张"标签,在"纸张大小"下拉列表框中选择"A4",点击"确定"按钮,点击"快速访问"工具栏中的"保存"按钮,弹出"另存为"对话框,在"保存位置"下拉列表框中选择"D:\个人资料",名称输入框中输入"求职简历",类型下拉列表框中选择"Word 文档",点击"保存"按钮。

步骤 2　设置字体格式为"隶书、一号、加粗、居中",输入标题"求职简历"。

步骤 3　分别点击"开始"工具栏中的"字体"和"字号"下拉列表框,设置字体格式为"楷体

_GB2312",字号为"四号",按回车键另起一行。

　　步骤 4　点击"插入"→"表格"命令,打开"插入表格"对话框,在"列数"文本框中输入 "7",在"行数"文本框中输入"12",在"自动调整操作"选项中选择"固定列宽",点击"确定"按 钮,如图 2.19 所示。

图 2.19　"插入表格"对话框

　　步骤 5　居中表格。选中整个表格,右击选中的表格,在弹出的"快捷菜单"中选择"表格 属性"命令,打开"表格属性"设置对话框,点击"表格"标签,在"对齐方式"选项中选择"居中"选 项,点击"确定"按钮,如图 2.20 所示。

图 2.20　"表格属性"对话框

　　步骤 6　选中 1 - 6 行,选中表格右击鼠标,在弹出的"快捷菜单"中选择"表格属性"命令,打开"表格属性"设置对话框,点击"行"标签,选中"指定高度"选项,在其"文本框"中输入"1 厘米",点击"确定"按钮,如图 2.21 所示。

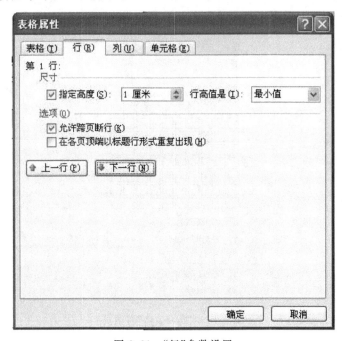

图 2.21　"行"参数设置

　　步骤 7　选中第 7 列,按照步骤 6 的操作,将其"宽度"设置为"3 厘米",如图 2.22 所示。

图 2.22　"列"参数设置

步骤 8   合并单元格。选中第 7 列 1－3 行单元格,右击鼠标,在弹出的"快捷菜单"中选择"合并单元格"命令(或点击常用工具栏中的"合并"按钮)即可,按照同样的方法,合并其它单元格。参考样式如图 2.23 所示。

求 职 简 历

↵	↵	↵	↵	↵	↵	↵	↵
↵	↵	↵	↵	↵	↵		↵
↵	↵	↵	↵	↵	↵		↵
↵	↵			↵			↵
↵	↵						↵
↵	↵			↵			↵
↵	↵						↵
↵	↵						↵
↵	↵						↵
↵	↵						↵
↵	↵						↵
↵	↵						↵

图 2.23   输入字段信息

步骤 9   在表格中输入字段信息。选中表格中的内容,点击"段落"工具栏中的"≡"按钮,使表格中的文字居中,部分单元格加空格,调整格式,如图 2.26 所示。

步骤 10   选中第一列中的 6－12 行,右击鼠标,在弹出的"快捷菜单"中选择"文字方向"命令,打开"文字方向"设置对话框,在"方向"选项中选择"垂直竖排"样式,点击"确定"按钮,如图 2.24 所示。

图 2.24   "文字方向对话框"

步骤 11   选中"姓名"、"性别"等字段名,右击,在弹出的快捷菜单中选择"边框和底纹"命令,打开"边框和底纹"设置对话框,点击"底纹"标签,在"填充"选项中选择"深色－35％",在"应用于"下拉列表框中选择"单元格"选项,如图 2.25 所示,点击"确定"按钮,设置结果如图 2.26 所示 。

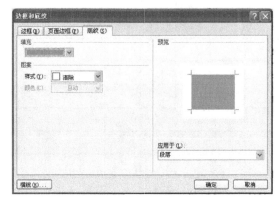

图 2.25 "边框和底纹"对话框

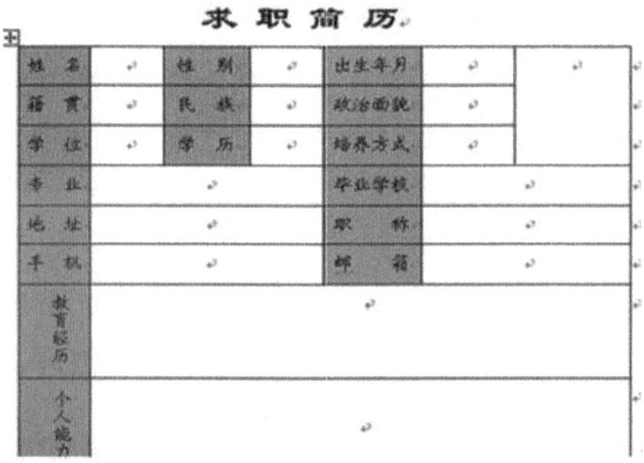

图 2.26 求职简历框架设置结果

步骤 12 输入个人相关信息。

步骤 13 选中 6-12 行第二列,点击"段落"工具栏中的"≡"按钮,使输入的信息两端对齐。

步骤 14 点击"文件"→"保存",退出 Word 文档。

任务二 学生成绩表的设计

任务描述

在 Word 中绘制如图 2.27 所示的学生成绩表。设置纸张大小为"A4",方向为"横向";行高设置为"1.5 厘米",将前两行单元格合并,作为标题栏,输入标题"2009—2010 学年第二学期期终考试成绩表",格式为"黑体、一号、加粗、居中";表格的边框为"单线、1 磅",表格中的数据格式"宋体、四号、常规、居中",在"总成绩"和"平均成绩"单元格中插入常用函数"SUM"、"AVERAGE";将表格与文本进行相互转换;表格外边框设置为"双线、0.5 磅"。将制作好的成绩表存储到"D:\个人资料"文件夹中,命名为"学生成绩表.docx"。

2009-2010 学年第二学期期终考试成绩表

学号	姓名	计算机文化基础	高等数学	大学英语	计算机组装与维护	体育	总成绩	备注
001	闫娜	85	75	82	88	79	409.00	
002	张杰	77	70	65	85	88	385.00	
003	李毅	90	83.5	85	89	90	437.50	
004	王菲	89	83	88	87	70	417.00	
005	董硕	78.5	80	55	78	90	381.50	
006	曹阳	65	54	69	85	88	361.00	
平均成绩		79.81	74.25	74.00	85.33	84.17		

图 2.27　学生成绩表

操作步骤

步骤 1　启动 Word 2007,点击"开始"→"页面布局",打开"页面设置"对话框,点击"纸张"标签,在"纸张大小"下拉列表框中选择"A4",点击"页边距"标签,在"方向"选项中选择"横向",点击"确定"按钮,如图 2.28 所示。

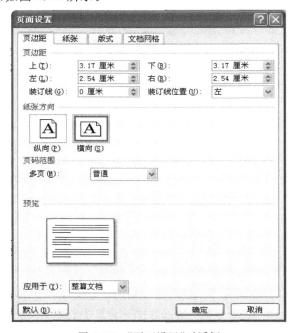

图 2.28　"页面设置"对话框

步骤 2　点击"插入"→"表格",打开"表格"选项,选择"绘制表格"。

步骤 3　当鼠标变成笔状时,在页面上单击鼠标,确定表格的起始位置,拖动鼠标至表格结尾处,重复操作,画出 3×3 表格。

步骤 4　点击表格左上角"⊞"图标,选中表格,点击鼠标右键,在弹出的"快捷菜单"中选择"表格属性"命令,打开"表格属性"对话框,点击"行"标签,点击"指定高度"右侧的上下箭头,将数值设置为"1.5 厘米",如图 2.29 所示。按照同样的方法设置列宽为"2 厘米",点击"确定"按钮,如图 2.30 所示。

图 2.29　"表格属性"行设置对话框

图 2.30　"表格属性"列设置对话框

步骤 5　在第 2 行和第 3 行之间插入新的一行。将光标移动至第 2 行的某个单元格,点击鼠标右键,点击插入,然后选择"在下方插入行"。或者将光标移动至第 2 行行尾,按回车键即可。

步骤 6　按照同样的方法,将表格扩展为 11 行 9 列。

步骤 7　选中第 1、2 行,右击鼠标,在弹出的"快捷菜单"中选择"合并单元格"命令。在合并后的单元格中输入标题"2009—2010 学年第二学期期终考试成绩表",将"字体"格式设置为"黑体、一号、加粗、居中"。

步骤 8　将"字体"格式设置为"宋体、四号、常规、居中",输入学生及成绩信息,用鼠标调整单元格的大小,结果如图 2.31 所示。

2009-2010 学年第二学期期终考试成绩表

学号	姓名	计算机文化基础	高等数学	大学英语	计算机组装与维护	体育	总成绩	备注
001	闫娜	85	75	82	88	79		
002	张杰	77	70	65	85	88		
003	李毅	90	83.5	85	89	90		
004	王菲	89	83	88	87	70		
005	董硕	78.5	80	55	78	90		
006	曹阳	65	54	69	85	88		
平均成绩								

图 2.31　学生成绩信息

步骤 9　将光标移动至"计算机文化基础"所对应的"平均成绩"单元格中,点击"布局"→"公式"命令,打开公式对话框,在"粘贴函数"下拉列表框中选择"AVERAGE"函数,在公式 AVERAGE 后面的括号中输入"C3:C8",在"数字格式"下拉列表框中选择"0.00"格式,点击"确定"按钮,如图 2.32 所示。

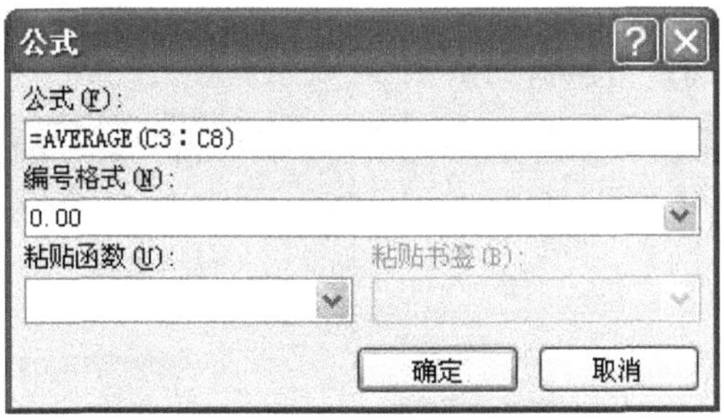

图 2.32　插入公式 AVERAGE

步骤 10　按照步骤 9 的操作方法,分别计算出其它科目的平均成绩。

步骤 11　将光标移动至闫娜所对应的总成绩单元格中,点击"布局"→"数据"→"公式"命令,打开"公式'对话框,在"粘贴函数"下拉列表框中选择"SUM"函数,在"公式"SUM 后面的括号中输入"C3:G3"或"LEFT",在"数字格式"下拉列表框中选择"0.00"格式,如图 2.33 所示点击"确定"按钮。

图 2.33　插入公式 SUM

步骤 12　将表格转换为文本。将光标定位在表格中,点击"布局"→"数据"→"转换为文

本"命令,打开"表格转换成文本"对话框,在"文字分隔符"选择框中选择"制表符",如图 2.34
所示,点击"确定"按钮。

图 2.34　文字分隔符选择

步骤 13　将文本转换为表格。选中文本内容(除标题外),点击"插入"→"表格"→"转换"
→"文本转换成表格"命令,打开"文字转换成表格"对话框,在"列数"数值框中输入"9",在"自
动调整"操作选择框中选择"根据内容调整表格"选项,在"文字分隔位置"选择框中选择"制表
符"选项,点击"确定"按钮。

步骤 14　设置表格外边框。选中表格,打开"边框和底纹"对话框,选择"网格"模式,在
"样式"下拉列表框中选择"双线",在"宽度"下拉列表框中选择"0.5 磅",在"应用于"下拉列表
框中选择"单元格",点击"确定"按钮,如图 2.35 所示。

图 2.35　表格外边框设置

步骤 15　选中标题和表格,点击"段落"工具栏中的"居中"按钮,使其居中。

步骤 16　保存文档,退出 Word 2007。

实验 3　图文混排

实验目的:通过本次实验,掌握文档中图片的插入方法,图片的绘制和编辑,艺术字的设

计、文本框的使用,页眉页脚的设置,图文混排等。

任务一　文档的个性化设计与制作

任务描述

启动 Word 2007,新建文档,命名为"个性文档.docx",保存到"D:\个人资料"文件夹中,插入页眉和页脚,并进行相应的设置,在文档中插入剪贴画和本机图片,并对文字的缠绕方式进行设置,将"系统资源不足的处理方法.docx"插入设置好的"个性文档"中,保存文档。

操作步骤:

步骤 1　启动 Word 2007,新建 Word 文件,命名为"个性文档",保存至"D:\个人资料"文件夹中。

步骤 2　点击"插入"→"页眉和页脚"命令,打开"页眉和页脚"工具栏。

步骤 3　点击"开始"→"段落"工具栏中的"两端对齐"按钮,让光标移动至页眉左端的编辑点,点击"插入"→"插图"→"剪贴画"命令,弹出"剪贴画"窗口,如图 2.36 所示,点击"管理剪辑",弹出"剪辑管理器"窗口。

图 2.36　"剪贴换"窗口

步骤 4　在页眉编辑区中输入"电脑小窍门",字体格式为"宋体、五号、常规"。

步骤 5　去掉页眉中的横线。

方法一:选中文字和段落标记,点击"页面布局"→"页面背景"→"页面边框"命令,打开"边框和底纹"对话框,在"设置"选项区域中选择"无",在"应用于"下来列表中选择"段落",点击"确定"按钮。

方法二:双击页眉,使其处于编辑状态,在"样式"下拉列表框中选择"正文"即可。

步骤 6 在页眉中插入一条新的横线。双击页眉,使其处于编辑状态,按回车另起一行,点击"页面布局"→"页面边框"命令,打开"边框和底纹"对话框,点击下方的"横线"按钮,在弹出的"横线"窗口中选择一款横线,点击"确定"按钮,如图 2.37 所示。

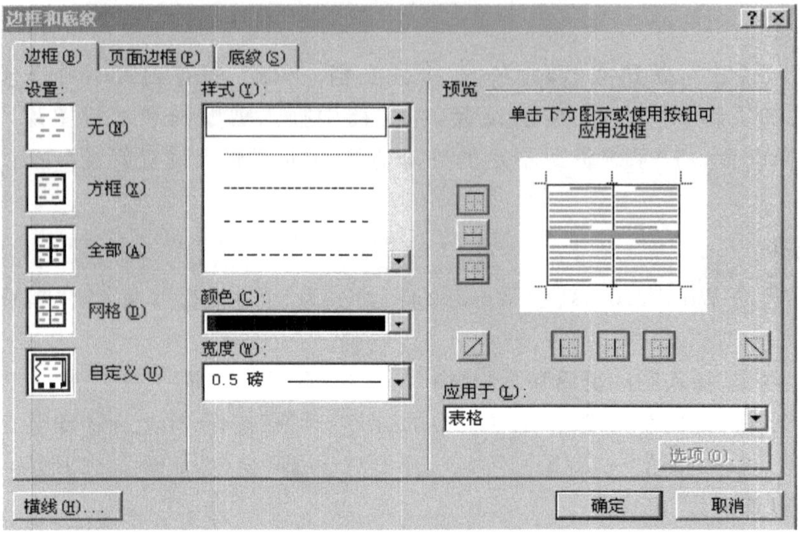

图 2.37 插入页眉

步骤 7 打开"页眉和页脚"工具栏,单击工具栏中的"页脚"→"插入页脚"命令,切换至页脚编辑区,对页脚进行设置,按照上面的方法,在页脚中插入图片,调整大小,并使其居中。

步骤 8 打开"插入"→"页眉和页脚"→"页码"下拉列表,选择"设置页码格式"如图 2.38 所示进行设置,点击"确定"按钮。在"页眉和页脚"工具栏中点击"插入页码"图标,选中插入的页码,点击"开始"→"段落"工具栏中的"居中"按钮。

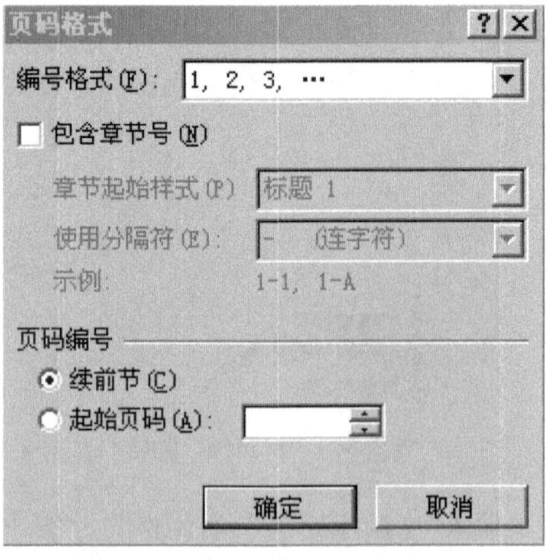

图 2.38 "页码格式"设置

步骤 9 设置文档背景。将光标移动至正文位置,点击"插入"→"图片",打开"插入图片"对话框,在"查找范围"下拉列表框中选择"D:\个人资料",在打开的文件夹中选中要插入的图片,点击"插入"按钮,如图 2.39 所示。

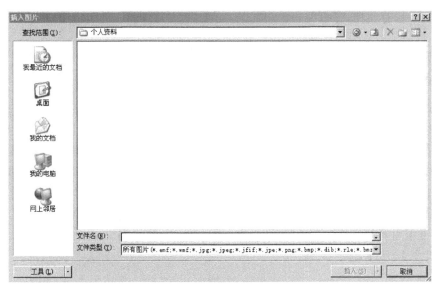

图 2.39　插入本机图片

步骤 10　双击插入的背景图片，打开"设置图片格式"对话框，如图 2.40 所示操作。

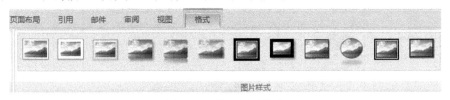

图 2.40　设置图片格式

步骤 11　用鼠标右击图片，在弹出的"快捷菜单"中选择"置于底层"命令，使图片位于底层。

步骤 12　用鼠标拖动图片周围的控制点，调整图片的大小。

步骤 13　点击"插入"→"文本"→"对象"→"文件中的文字"命令，打开"插入文件"对话框，在"查找范围"下拉列表中选择"D:\个人资料"文件夹，在打开的文件夹中选择"系统资源不足的处理方法.docx"，点击"插入"按钮，操作结果如图 2.41 所示。

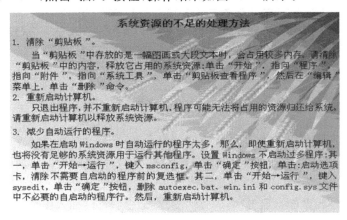

图 2.41　图文混排效果

步骤 14　保存文档,退出 Word 2007。

任务二　求职简历封面的设计与制作

任务描述

收集素材,将整理好的图片素材存储到"D:\个人资料"文件夹中;启动 Word 2007,新建一个空白文档,进行求职简历封面的设计与实现。纸张大小为 A4,方向为纵向;插入学校的徽标,输入学校名称,名称格式为"黑体、小初、加粗、红色",调整图文的位置和大小;另起一行,插入一条横线,并调整横线的长度、宽度、位置;另起一行,输入"—2008 届毕业生求职自荐书",格式为"宋体、三号、右对齐";插入艺术字、文本框,并对其格式进行编辑和设置;插入图片,对图片进行编辑,包括:调整图片大小、对比度、亮度、文字的环绕方式等;调整图片、艺术字、文本框的位置,将编辑好的文档命名为"求职简历封面.docx",存储到"D:\个人资料"文件夹中,操作结果如图 2.42 所示。

图 2.42　个人求职简历封面

操作步骤:

步骤 1　通过自己制作、网上下载等方式搜集素材,存放到"D:\个人资料"文件夹中。

步骤 2　启动 Word 2007,点击"文件"→"页面布局"命令,打开"页面设置"对话框,设置纸张大小为"A4",方向为"纵向"。

步骤 3　插入学校徽标。点击"插入"→"图片"命令,打开"插入图片"对话框,选中"徽标.jpg"图片,点击"插入"按钮即可。

步骤 4　插入图片"西安交大.jpg",输入"城市学院",将其字体格式设置为"黑体、小初、加粗",点击"字体"工具栏中"字体颜色"按钮旁边的下拉箭头,在弹出的"颜色"选择窗口中选择"红色",如图 2.43 所示。

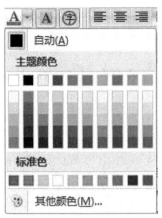

图 2.43　颜色设置选择窗口

步骤 5　调整学校徽标和名称的位置和大小,使其布局合理。

步骤 6　按回车键另起一行,插入一条横线。点击"页面布局"→"页面边框"命令,在弹出的"边框和底纹"对话框中,点击"横线"按钮,打开"横线"对话框,在对话框中选择一款横线,点击"确定"按钮即可。

步骤 7　设置横线的格式。用鼠标右击插入的横线,在弹出的"快捷菜单"中选择"设置横线格式"命令,打开"设置横线格式"对话框,如图 2.44 所示,进行设置。

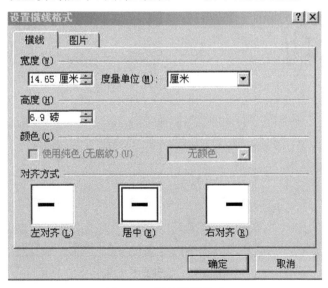

图 2.44　设置横线格式

步骤 8　按回车键另起一行。设置字体格式为"宋体",字号为"三号",点击"常用"工具栏中的"右对齐"按钮,输入"—2008 届毕业生求职自荐书"。

步骤 9　插入艺术字。点击"插入"→"文本"→"艺术字"命令,打开"艺术字库"对话框,选择样式，如图 2.45 所示，弹出"编辑艺术字文字"对话框，如图 2.46 所示操作，点击"确定"按钮即可。

图 2.45 "艺术字库"

图 2.46 编辑艺术字库

步骤 10 艺术字的设置。点击插入的艺术字，弹出"艺术字"工具栏，如图 2.47 所示。打开"阴影效果"对话框。回到"艺术字"工具栏，点击"艺术字样式"→"更改形状"按钮，可改变艺术字形状。按照同样的操作，对艺术字的大小、版式等进行设置。

步骤 11 在页面中间插入图片"xy.jpg"，双击图片打开"设置图片格式"对话框，点击"调

图 2.47　艺术字工具栏

整"→"重新着色"标签,选择"不重新着色"。按照同样的方法设置"环绕方式"为"衬于文字下方","亮度"和"对比度"均为"50％"。

步骤 12　点击"插入"→"文本"→"文本框"→"绘制竖排文本框"命令,鼠标成十字状,在起始位置点击,拖动至结束位置,在文本框中输入"源于勤奋和不懈的努力",设置字体格式为"宋体、一号、加粗、灰色"。双击文本框的边缘,打开"设置文本框的格式"对话框,设置方法参考图片格式的设置。

步骤 13　插入横排文本框,在文本框中输入求职者基本信息,调整图片、艺术字、文本框的位置。

步骤 14　将文档命名为"求职简历封面.docx",存储到"D:\个人资料"文件夹中。

实验 4　综合应用

实验目的:通过本次实验,我们必须掌握长篇文档的排版方法。包括:字体格式、段落格式、标题级别、页码格式、页眉页脚等基本格式进行设置和编辑;目录的生成与编辑、修订替换等功能的使用。

任务　毕业论文的排版

任务描述

启动 Word 2007,新建一个空白文档,输入毕业论文的全部内容,命名为"研究生论坛的设计与实现.docx",保存至"D:\个人资料\毕业设计"文件夹中。论文包括:题目,中英文摘要和关键字,目录,正文,参考文献。页面格式:纸张大小为 A4,奇数页的页眉为论文的名称,偶数页的页眉为作者信息。标题格式:一级标题格式为"黑体、四号、加粗、居中",二级标题格式为"黑体、小四、加粗,左对齐",正文字体格式为"宋体、五号、常规",段落格式:段前段后 0.5 行,正文 1.5 倍行距,首行缩进 2 字符。文稿中所有英文字符、数字采用"Times New Roman"字体。插入页码,创建目录,编辑参考文献等。

操作步骤:

步骤 1　启动 Word 2007,新建一个空白文档,设置纸张大小为 A4,方向为纵向,命名为"研究生论坛的设计与实现.docx",存储到"D:\个人资料\毕业设计"文件夹中。

步骤 2　点击"视图"→"文档视图"→"大纲视图"命令(或点击左下方的""按钮),将视图模式切换至大纲视图,输入大纲内容,所有标题默认为"一级标题"。

步骤 3　将光标移动至"1.1 背景"文字中,单击"大纲"工具栏中的"(降低)"按钮,将改标题设为"二级标题",按照同样的方法将"1.2 意义,1.3 目标,2.1 顶层用例图"等标题,设置为"二级标题"。

步骤 4　如果需要改动某些标题的级别,首先选中它,然后点击"大纲"工具栏中的"降低"或"提升"按钮即可,保存编辑好的大纲。

步骤 5　输入和编辑论文正文。论文题目样式为"黑体、三号、加粗、居中";摘要、关键字为"黑体、小四、加粗",对应的内容格式:中文为"宋体、小四、常规",英文为"Times New Roman、小四、常规";论文正文格式:字体格式为"宋体、五号、常规",段落格式:段前、段后 0.5行,正文 1.5 倍行距,首行缩进 2 字符,文稿中所有英文字符、数字采用"Times New Roman"字体;参考文献格式为"宋体、五号、常规",书写样式为:①书:[序号]作者. 书名[M]. 出版社所在城市名称:出版社名称,出版年。②期刊:[序号]文章作者名 1,名 2 等. 文章名[J]. 杂志名,年(期)。操作方法如下:

(1)点击"视图"→"文档视图"→"大纲视图"命令(或点击左下方的""按钮),将视图模式切换至页面视图,将光标移动至"第 1 章 项目背景"前,按回车键,插入一行,在"开始"→"样式"下拉列表框中选择"正文",在光标位置输入题目"研究生论坛的设计与实现",并设置其格式为"黑体、三号、加粗、居中"。

(2)按回车键插入一行,输入论文的中英文摘要、关键字等内容,设置其字体格式,选中输入的正文内容,右击,在弹出的菜单中选择"段落"命令,打开"段落"设置对话框,如图 2.48 所示,在"特殊格式"下拉列表框中选择"首行缩进",在"度量值"输入框中输入"2 字符",在"段前"和"段后"输入框中输入"0.5 行",在"行距"下拉列表框中选择"1.5 倍行距"。点击"确定"按钮,如图 2.49 所示。

图 2.48　段落格式设置

研究生论坛的设计与实现

摘　要： 论坛的设计与实现是研究生信息管理系统的重要组成部分。该系统以 Visual Studio 2005 为开发平台，采用了 ASP.NET 开发技术、C#语言、SQL Server 2000 数据库，实现了研究生论坛设计的三大模块……

关键字： 研究生；论坛；设计；实现；管理

The Design and Implementation of Postgraduates'Forum

Abstract: The design and implementation of forum is an important component part of information management system……

Key words: postgraduate; forum; design; implementation; management

图 2.49　论文摘要

（3）用同样的方法输入论文的其它正文内容，并设置相应地字体、段落格式。

（4）在"样式"工具栏中选择"标题 1"，如图 2.50 所示，右键单击"标题 1"，可以打开"修改样式"对话框，可以修改样式，如图 2.51 所示。

图 2.50　样式工具栏

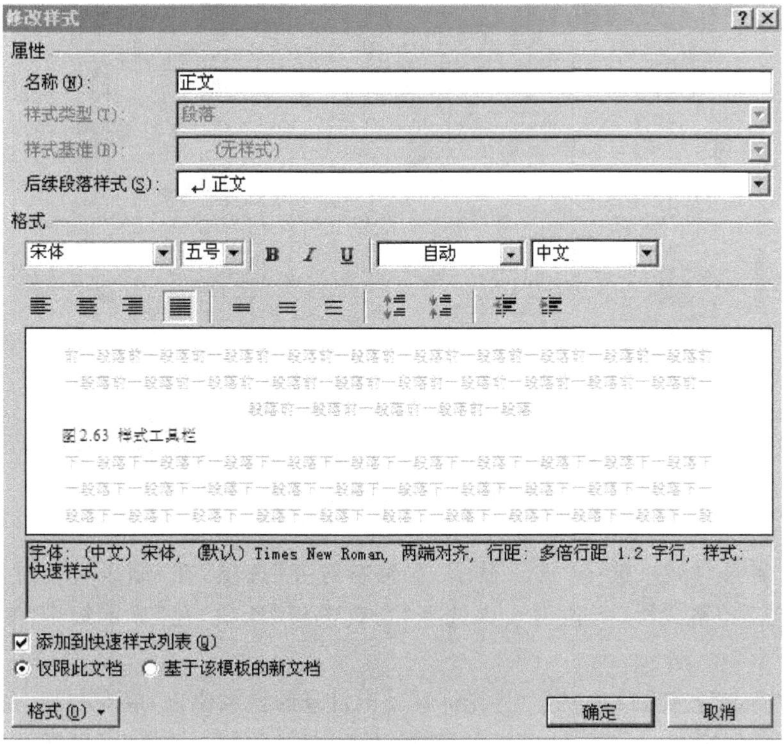

图 2.51　修改样式字体

（5）在"字体"下来列表框中选择"黑体"，在"字号"下拉列表框中选择"四号"，点击"加粗"按钮，在弹出的"格式"下拉菜单中选择"段落"命令，打开"段落"设置对话框，也可以对段落进行设置。

（6）设置完成后点击"确定"按钮，返回"样式修改"对话框，在"样式修改"对话框中选中"自动更新"。

（7）点击"确定"按钮，所有的"一级标题"将设置为修改后的格式。

（8）按照同样的方法设置其他标题的格式。

步骤6　插入页码。

（1）点击"插入"→"页眉和页脚"→"页码"命令，打开"页码"设置对话框，在下拉列表中选择"页面底端"选项。

（2）点击"设置页码格式"命令，弹出"页码格式"设置对话框，在"数字格式"下来列表中选择"-1-,-2-,…"样式，在"起始页码"输入框中输入"1"。

（3）点击"确定"按钮，对话框关闭，页码生成。

步骤7　生成目录，并使得它与正文链接，能够自动更新，操作步骤如下：

（1）将光标移动至第一章标题的前面，点击"页面布局"→"页面设置"→"分隔符"命令，打开"分隔符"下拉列表，在下拉列表中选择"下一页"选项，点击"确定"按钮。

（2）将光标移动至插入页的首行，输入"目录"字样，并设置其格式为"黑体、四号、居中"，按回车键插入一行，点击"引用"→"目录"→"插入目录"命令，打开"索引和目录"对话框，如图2.52所示。

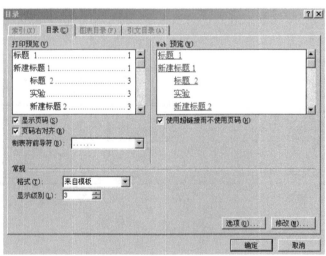

图2.52　"索引和目录"对话框

（3）点击"目录"标签，选中"页码显示、页码右对齐"选项，在"制表符前导符"下拉列表中选择"虚线"，在"格式栏"下拉列表中选择"来自模板"选项，在"显示级别"输入框中输入"3"。

（4）点击"确定"按钮，目录产生，将光标移动至目录的任意位置，单击右键，在弹出的"快捷菜单"中选择"更新域"命令，打开"更新目录"对话框，在对话框中选择"只更新页码"选项，如图2.53所示。

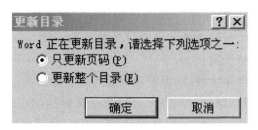

图 2.53　更新目录

（5）点击"确定"按钮，目录就会随文章内容的变化而不断更新。

步骤 8　设置个性页眉，奇数页的页眉为论文的名称，偶数页的页眉为作者信息。

（1）点击"插入"→"页眉和页脚"命令，显示"页眉和页脚"工具栏，如图 2.54 所示。

图 2.54　页眉页脚工具栏

（2）在"页眉和页脚"对话框中，出现"页面设置"对话框，点击"版式"标签，在"选项"中选中"奇偶页不同"选项，在"页脚底端距离"输入框中输入"1.5 厘米"，如图 2.55 所示。

图 2.55　页眉页脚工具栏

（3）将光标移动至偶数页的页眉区域，输入论文名称"研究生论坛的设计与实现"，选中输入的名称，右击鼠标，在弹出的"快捷菜单"中分别点击"字体"和"段落"命令，设置它的字体和段落格式。

（4）按照同样的方法，将光标移动至奇数数页的页眉区域，编辑奇数页页眉内容。

（5）点击"保存"按钮，保存文件。

实验作业

任务描述

◇ 下载一篇科研论文，导入 Word 2007 中。

◇ 删除页码、目录、清除所有格式，段落两端对齐。

◇ 将文档保存为"科研论文.docx"，存储至"我的文档"中。

◇ 设置正文格式：中文五号宋体，西文及数字使用五号 Times New Roman 字体。

◇ 段落格式：两端对齐，首行缩进 2 字符，1.2 倍行距。

◇ 将正文的最后一段分为两栏。

◇ 文中所有的缩写一律用大写，出现的单词改为首字母大写。

◇ 设置标题格式：一级标题，一号，标宋，居中；二级标题，小二号，黑体，居中；三级标题，小四号，标宋，居左，前缩两格；四级标题，五号，黑体，居左，前缩两格。

◇ 文档中插图和表格按章进行编号，如"图 2.3 "、"表 4.2 "，正文中一般先见文，后见图，图的位置不得跨节；表标题位于表的正上方。正文中一般先见文，后见表，表的位置不得跨节。

◇ 参考文献的格式：图书类的参考文献的书写格式：[序号]作者名. 书名[文献类型标志代码]，版次. 地点：出版单位，出版年，引用部分起止页码；期刊类文献的书写格式：[序号]作者名. 文章名[文献类型标志代码]. 期刊名，年，卷（期）：起止页码。

例如：[1] 赵凯华，罗蔚茵. 新概念物理教程：力学[M]. 北京：高等教育出版社，1995.

      [2] 屠树江，郑某某，王某某等. 微波在合成六元杂环化合物中的应用[J]. 结构化学，2002，21(2)：123 – 132.

◇ 设置奇数页页眉为论文名称，偶数页页眉为作者的信息。

◇ 在页眉和页脚处插入剪贴画，调整它的位置和大小。

◇ 插入页码至页脚的中间位置。

◇ 在正文前面生成文档的目录。

◇ 新建一个文档，命名为"论文封面. docx"。

◇ 设计封面格式：包含论文题目、作者信息、完成的时间等。

◇ 将设计好的封面插入"科技论文. docx"文档的目录前面。

第 3 章　Excel 电子表格处理实验

实验概要

Excel 是目前最流行的一款电子表格软件,是微软办公套装软件的一个重要的组成部分,它可以进行各种数据的处理、统计分析和辅助决策操作,Excel 中有大量的公式函数,可以实现许多功能,广泛地应用于管理、统计财经、金融等众多领域。Excel 界面友好,用户使用方便,可以有效地提高工作效率。

结合教学要求,本章总共设计了 4 个实验,通过实验我们必须掌握以下知识点:

◇ 基础性操作。工作表的创建、修改、编辑、保存等,单元格的合并拆分、数据格式的设置与编辑,基本公式的定义、应用、复制以及智能填充等。

◇ 常用函数的应用。单元格的引用方式、常用函数的插入、数据区域的选择、参数的设定、条件的判断以及函数的嵌套使用等。

◇ 数据分析。对数据按要求排序、分类汇总和筛选。

◇ 可视化图表。将数据转换为可视化的图表,掌握图表的建立和修改,直观地对相关数据进行比较分析。

实验 1　单元格的基本操作、常用公式的应用

实验目的: 通过本次实验操作,掌握单元格的基本操作以及公式的定义、使用、复制和智能化的填充等基本概念。

▶ 任务一　员工工资表的建立

任务描述

启动 Excel 2007,新建一个员工工资信息薄,存储到"职工工资信息"文件夹中,调整页面格式为"A4、横向",对单元格进行基本操作,包括:单元格宽度、高度的调整,单元格的合并,数据格式的设定等。

操作步骤

步骤 1　点击"开始"→"所有程序"→"Microsoft office"→"Microsoft office excel

2007"，启动 Excel 2007 软件，软件启动以后，会自动新建一个新建工作薄，名为"book1"，如图 3.1 所示。

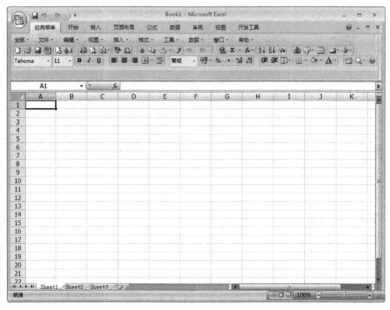

图 3.1　Excel 2007 工作界面

　　步骤 2　点击"文件"→"保存"命令，打开"另存为"对话框，选择存储目录为"D:\职工工资信息"，在"文件名"输入框中输入"职工工资信息"，在"保存类型"下拉列表选择框中选择"Excel 工作薄"（一般默认，不用修改），点击"保存"按钮，如图 3.2 所示。

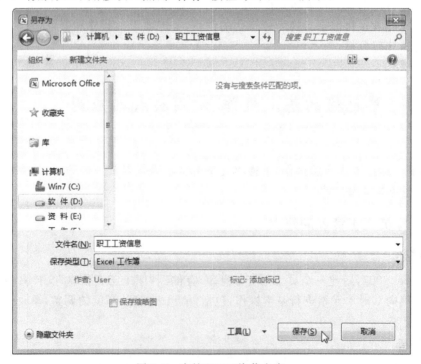

图 3.2　存储职工工资信息表

注意：如果文件是第一次保存，则会弹出另存为对话框，要求用户设置存储文件的路径、名称和类型。

步骤 3　点击"文件"→"页面设置"命令，打开"页面设置"对话框，在"方向"栏中选择"横向"选项，在"纸张大小"下拉列表框中选择"A4"，点击"确定"按钮，如图 3.3 所示。

图 3.3　"页面设置"对话框

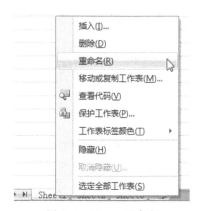

图 3.4　Sheet1 重命名

步骤 4　用鼠标右击"sheet1"，在弹出的"快捷菜单"中选择"重命名"命令，如图 3.4 所示，输入"职工工资表"。

步骤 5　选中 A1～K2，点击"常用"工具栏中的" 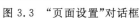 （合并及居中）"按钮，将选中的所有单元格进行合并，输入标题"职工工资表"。

步骤 6　选中 3～9 行，右击鼠标，在弹出的快捷菜单中选择"行高"命令，打开"行高"设置对话框，在"行高"输入框中输入"18"，点击"确定"按钮，如图 3.5、图 3.6 所示。

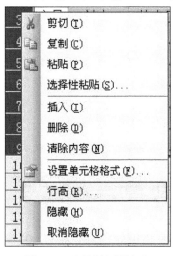

图 3.5　选择"行高"命令

图 3.6　"行高"设置对话框

步骤7　按照同样的方法将 A1～K2 列的"列宽"设置为"10"。

步骤8　用鼠标右击 A 列，在弹出的"快捷菜单"中选择"设置单元格格式"命令，打开"设置单元格格式"对话框，在"分类"下拉列表中选择"文本"，点击"确定"，如图 3.7 所示。

图 3.7　单元格文本格式设置

步骤9　按照上面的方法，选择 C～J 列，打开"设置单元格格式"对话框，在"分类"下拉列表中选择"数值"，在"小数位数"输入框中输入"2"，选中"使用千位分隔符"，点击"确定"按钮，如图 3.8 所示。

图 3.8　单元格数值格式设置

步骤10　选中 A1～K9 所有单元格，点击"常用"工具栏中的"边框"按钮，在弹出的下拉列表中选择"⊞"选项，如图 3.9 所示。

图 3.9　边框设置按钮

步骤 11　输入职工的工资信息，并使所有内容居中，结果如图 3.10 所示。

序号	姓名	基本工资	工龄工资	奖金	养老保险	医疗保险	失业保险	住房公积金	实发工资	备注
01	王一	1,500.00	400.00	300.00	150.00	100.00	50.00	100.00	1,800.00	
02	李娜	1,200.00	200.00	400.00	120.00	100.00	50.00	100.00	1,430.00	
03	杨雄	1,800.00	600.00	150.00	200.00	100.00	50.00	100.00	2,100.00	
04	李四	1,000.00	100.00	200.00	100.00	100.00	50.00	100.00	950.00	
05	谢正	1,400.00	300.00	155.00	140.00	100.00	50.00	100.00	1,465.00	
06	陈丹	1,500.00	350.00	260.00	100.00	100.00	50.00	100.00	1,710.00	

图 3.10　职工工资表

任务二　实际发放工资的计算

任务描述

本次实验，主要是针对 Excel 中的公式进行学习，要求我们利用公式来计算出职工的实际发放工资，熟悉 Excel 中公式的应用。注意观察相互关联的单元格之间数据的变化规律，掌握 Excel 中数据处理的强大功能。

操作步骤

步骤 1　打开任务一所建立的职工工资表。启动 Excel 2007，点击"文件"→"打开"命令，弹出"打开"对话框，选择路径"D:\职工工资信息"，选中"职工工资信息.xlsx"，点击"打开"按钮即可。如图 3.11 所示。

图 3.11 "打开"对话框

打开一个 Excel 工作簿还有其他两种方式：

①点击常用工具栏中的打开按钮。

②找到文件存放的目录，直接双击需要打开的文件即可。

步骤 2　建立公式。实发工资＝基本工资＋工龄工资＋奖金－养老保险－医疗保险－失业保险－住房公积金，即就是"J4＝C4＋D4＋E4－F4－G4－H4－I4"，选中 J4 单元格，在"编辑框"中输入"＝C4＋D4＋E4－F4－G4－H4－I4"，如图 3.12 所示。

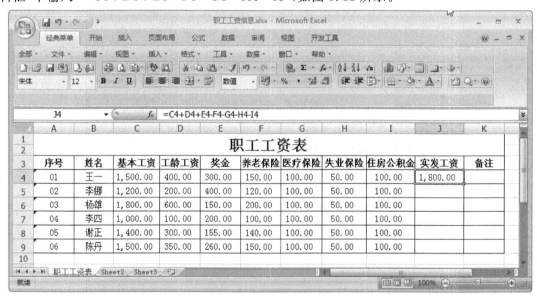

图 3.12　建立计算公式

步骤 3　点击"编辑框"前面的"√"（或者直接按回车键），公式就会被应用，计算结果显示在 J4 单元格中。

步骤 4　选中 F4，将其数值改为 100，按回车键确认后，就会发现 J4 中的数据也发生了变化，这就说明利用公式计算的数值可以随着相关单元格数值的变化而自动更新。如图 3.13 所示。

序号	姓名	基本工资	工龄工资	奖金	养老保险	医疗保险	失业保险	住房公积金	实发工资	备注
01	王一	1,500.00	400.00	300.00	100.00	100.00	50.00	100.00	1,850.00	
02	李娜	1,200.00	200.00	400.00	120.00	100.00	50.00	100.00		
03	杨雄	1,800.00	600.00	150.00	200.00	100.00	50.00	100.00		
04	李四	1,000.00	100.00	200.00	100.00	100.00	50.00	100.00		
05	谢正	1,400.00	300.00	155.00	140.00	100.00	50.00	100.00		
06	陈丹	1,500.00	350.00	260.00	150.00	100.00	50.00	100.00		

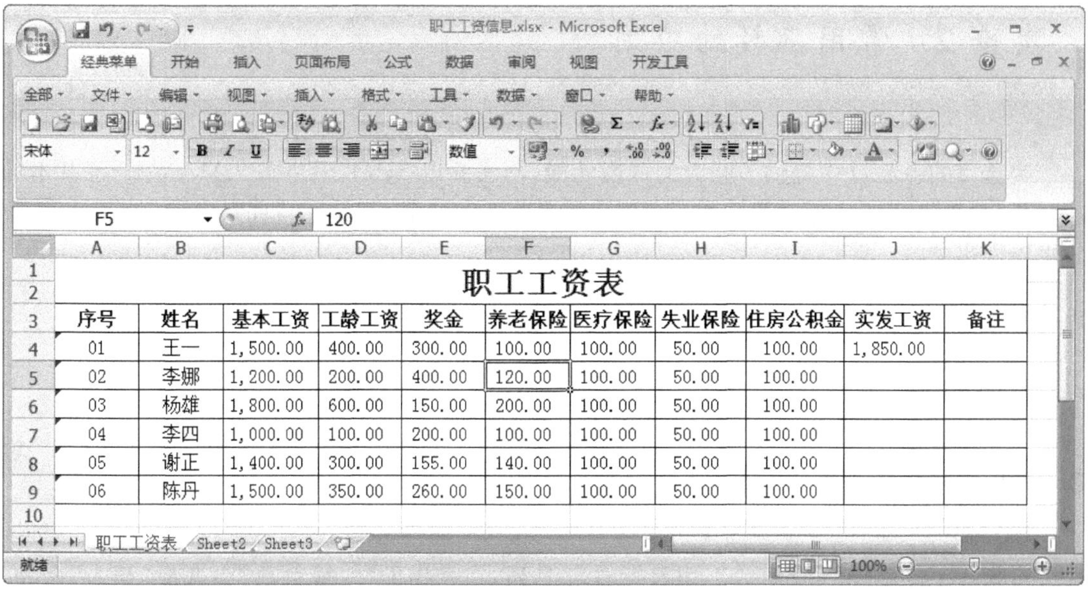

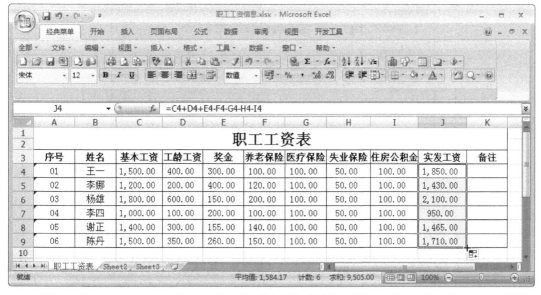

图 3.13　公式的自动更新

步骤 5　公式的智能填充。选中 J4 单元格，将鼠标移动至其右下角，当鼠标变成“＋”图样时，按下左键并向下方拖动鼠标至 J9 单元格，松开鼠标后，公式就被复制到所选的单元格中，如图 3.14 所示。

序号	姓名	基本工资	工龄工资	奖金	养老保险	医疗保险	失业保险	住房公积金	实发工资	备注
01	王一	1,500.00	400.00	300.00	100.00	100.00	50.00	100.00	1,850.00	
02	李娜	1,200.00	200.00	400.00	120.00	100.00	50.00	100.00	1,430.00	
03	杨雄	1,800.00	600.00	150.00	200.00	100.00	50.00	100.00	2,100.00	
04	李四	1,000.00	100.00	200.00	100.00	100.00	50.00	100.00	950.00	
05	谢正	1,400.00	300.00	155.00	140.00	100.00	50.00	100.00	1,465.00	
06	陈丹	1,500.00	350.00	260.00	150.00	100.00	50.00	100.00	1,710.00	

图 3.14　公式的自动填充

步骤 6　用鼠标选中 J7 单元格,发现公式自动更新为"＝C7＋D7＋E7－F7－G7－H7－I7"。说明公式被复制,进行了相对引用。

步骤 7　点击"保存"按钮,将编辑好的工作表信息进行保存。

实验 2　常用函数的应用

实验目的:Excel 中提供了强大的函数功能,本实验以 SUM、SUMIF 、MAX、IF 等基本的函数为例,进行实验操作学习。通过实验,要求学生达到举一反三的目的,掌握 Excel 中函数的应用方法。

任务一　求和函数的使用

任务描述

本次任务,通过应用 SUM 和 SUMIF 函数,实现一个或多个区域中数据的求和运算,以及按一定的限定条件进行的求和运算。

操作步骤

步骤 1　打开"职工工资表",用鼠标右击 F 列,在弹出的"快捷菜单"中选择"插入"命令,在"养老保险金"前面插入新的一列,输入字段名"应得工资"。

步骤 2　选中 F4 单元格,单击"公式"→"插入函数"命令(或点击"经典菜单"→"插入"→"函数库"→"插入函数"命令),打开"插入函数"对话框,在"选择函数"栏中选择"SUM"函数,如图 3.15 所示。

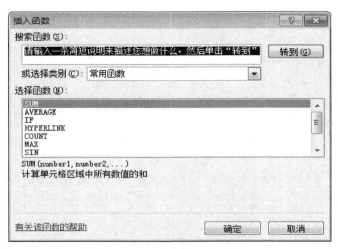

图 3.15　"插入函数"对话框

步骤 3　点击"确定"按钮,弹出"函数参数"对话框,在"Number1"输入框中,Excel 自动选择的区域是 C4:E4,刚好是我们需要的数据区域,如图 3.16 所示,点击"确定"按钮,即可利用 SUM 函数求出所选数据区域的和,并将求和结果存储在 F4 单元格中。

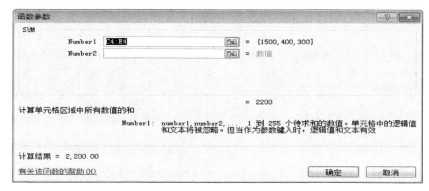

图 3.16 "sum 函数"参数的设置

注意：如果 Excel 自动选择的区域不是我们所需要的，我们就要在数据区域的输入框中输入所需的数据区域（或用鼠标点击、拖动至所需的单元格）即可。

步骤 4 利用智能填充功能，将函数填充至 F5:F9 单元格中，如图 3.17 所示。

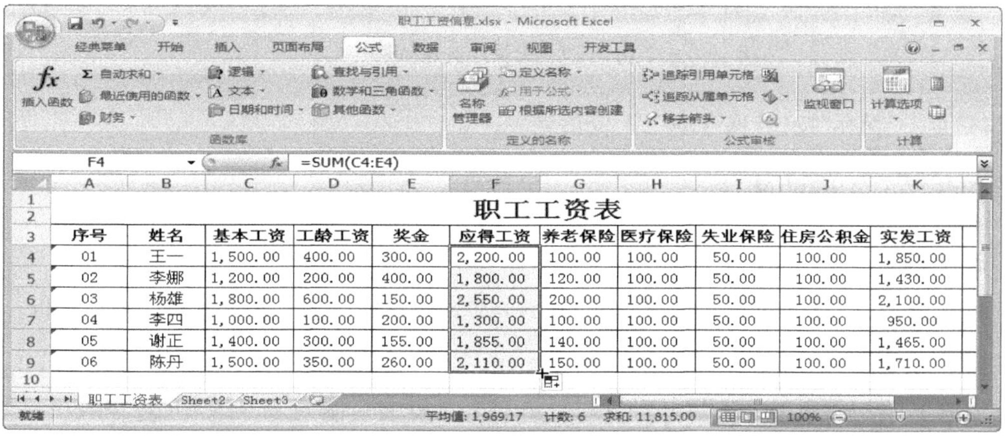

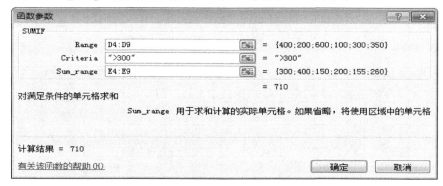

图 3.17 复制函数

步骤 5 计算"工龄工资"大于 300 的员工所领取奖金之和。

（1）选中 F10 单元格，插入"SUMIF"函数。

（2）打开"函数参数"对话框，在"Range"输入框中输入"D4:D9"，在"Criteria"输入框中输入">300"，在"Sum_range"输入框中输入"E4:E9"，如图 3.18 所示。

图 3.18 "sumif 函数"参数的设置

(3)点击“确定”按钮，即可在 F10 单元格中显示满足条件的求和结果，如图 3.19 所示。

职工工资表										
序号	姓名	基本工资	工龄工资	奖金	应得工资	养老保险	医疗保险	失业保险	住房公积金	实发工资
01	王一	1,500.00	400.00	300.00	2,200.00	100.00	100.00	50.00	100.00	1,850.00
02	李娜	1,200.00	200.00	400.00	1,800.00	120.00	100.00	50.00	100.00	1,430.00
03	杨雄	1,800.00	600.00	150.00	2,550.00	200.00	100.00	50.00	100.00	2,100.00
04	李四	1,000.00	100.00	200.00	1,300.00	100.00	100.00	50.00	100.00	950.00
05	谢正	1,400.00	300.00	155.00	1,855.00	140.00	100.00	50.00	100.00	1,465.00
06	陈丹	1,500.00	350.00	260.00	2,110.00	150.00	100.00	50.00	100.00	1,710.00
					710.00					

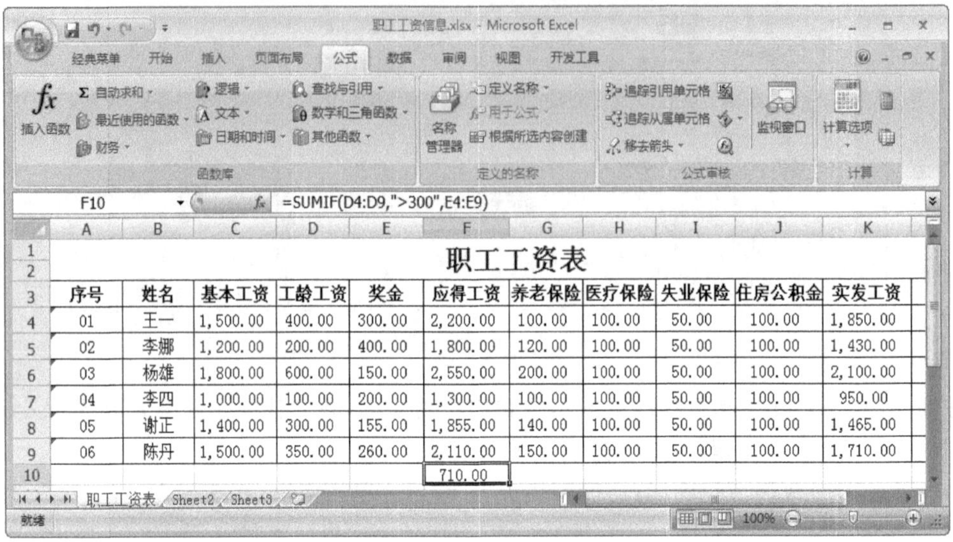

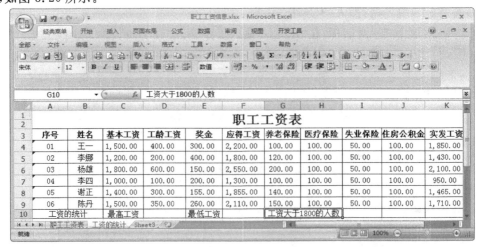

图 3.19 按条件求和结果

(4)点击“保存”按钮，保存职工工资信息表。

任务二 工资的统计

任务描述

利用 Excel 中提供的 MAX、MIN、COUNTIF 函数对职工的工资信息进行统计分析。

操作步骤

步骤 1 打开“职工工资信息”工作簿，将职工工资表复制到 sheet2 中，将 sheet2 命名为“工资的统计”。

步骤 2 在“工资的统计”表中插入一行，合并单元格 A10:B10、G10:H10，输入新的字段信息，如图 3.20 所示。

职工工资表										
序号	姓名	基本工资	工龄工资	奖金	应得工资	养老保险	医疗保险	失业保险	住房公积金	实发工资
01	王一	1,500.00	400.00	300.00	2,200.00	100.00	100.00	50.00	100.00	1,850.00
02	李娜	1,200.00	200.00	400.00	1,800.00	120.00	100.00	50.00	100.00	1,430.00
03	杨雄	1,800.00	600.00	150.00	2,550.00	200.00	100.00	50.00	100.00	2,100.00
04	李四	1,000.00	100.00	200.00	1,300.00	100.00	100.00	50.00	100.00	950.00
05	谢正	1,400.00	300.00	155.00	1,855.00	140.00	100.00	50.00	100.00	1,465.00
06	陈丹	1,500.00	350.00	260.00	2,110.00	150.00	100.00	50.00	100.00	1,710.00
工资的统计		最高工资		最低工资		工资大于1800的人数				

图 3.20 添加新的字段信息

步骤 3　选中 D10 单元格,点击"插入"→"函数"命令,打开"插入函数"对话框,在"选择函数"栏中选择"MAX"函数,点击"确定"按钮。

步骤 4　在"函数参数"对话框中设置数据区域,如图 3.21 所示。

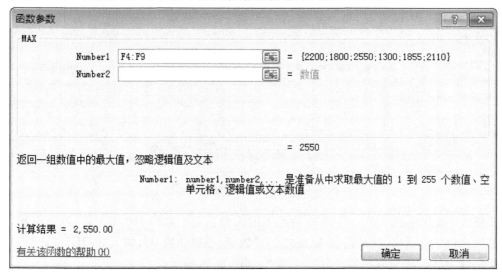

图 3.21　"MAX 函数"参数设置

步骤 5　点击"确定"后,所选区域的数值将进行比较,并将最大值显示在 D10 单元格中。

步骤 6　选中 F10 单元格,按照插入函数的方法,打开"插入函数"对话框,在"选择类别"下拉列表中选择"全部"选项,在"选择函数"栏中选择"MIN"函数,如图 3.22 所示。

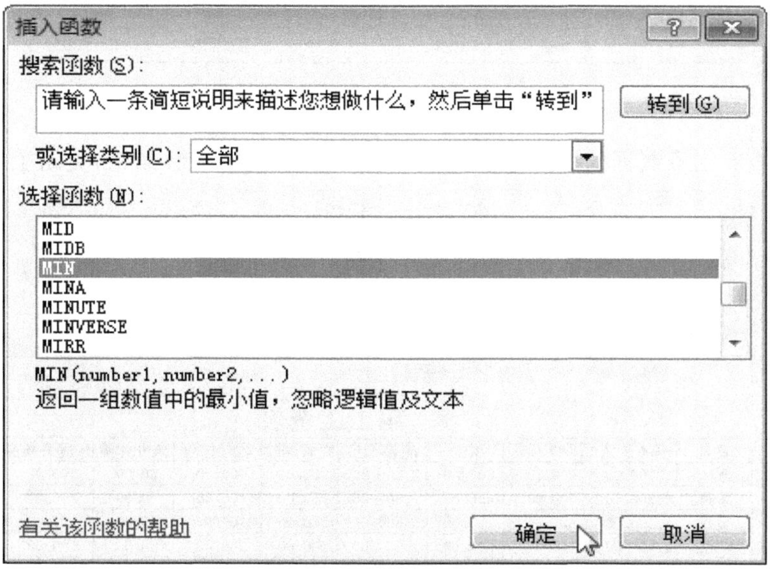

图 3.22　"插入函数"对话框

步骤 7　点击"确定"按钮后,弹出"函数参数"设置对话框,设置数据区域为 F4:F9,点击"确认"按钮后,就可以得到应得工资的最小值,如图 3.23 所示。

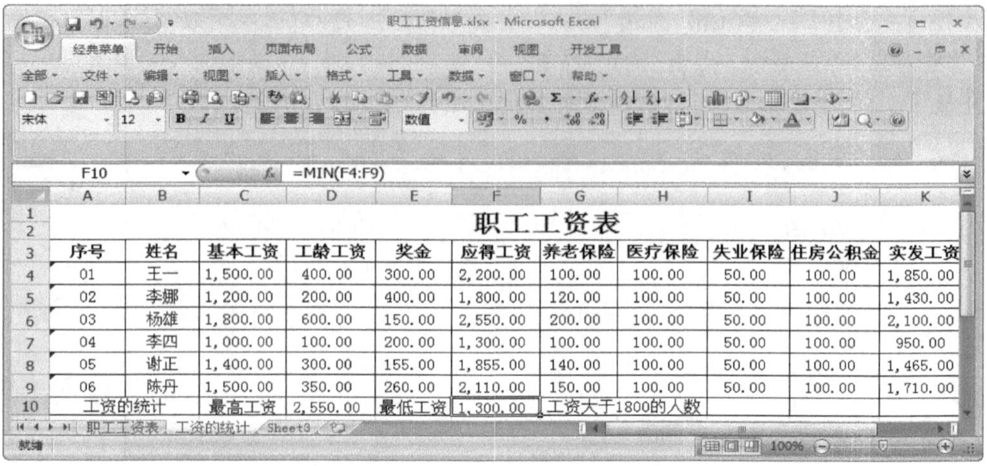

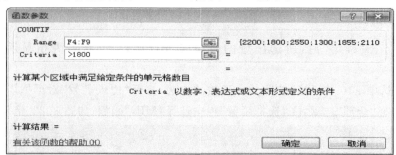

图 3.23　最大最小值的统计结果

步骤 8　统计应得工资大于 1800 的员工的人数信息。选中 I10 单元格,点击右键,打开单元格格式设置对话框,设置其"数据格式"为"数值、小数位数 0",插入"COUNTIF"函数,设置数据区域为"F4:F9",判定条件为">1800",如图 3.24 所示。

图 3.24　COUNTIF 函数参数设置

步骤 9　查看工资数据的统计结果,如图 3.25 所示,保存统计结果,关闭工作簿。

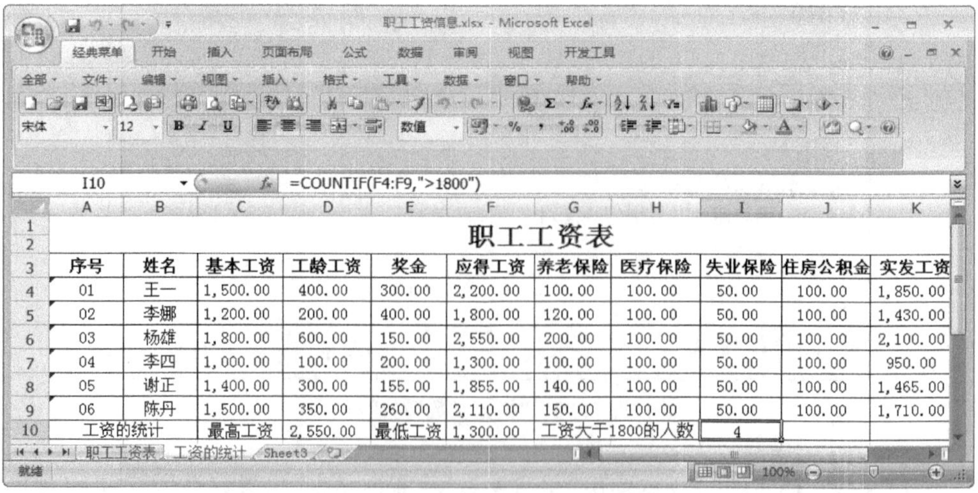

图 3.25　按设定条件的统计结果

任务三　指定单元格信息的标注

任务描述

选择"工龄工资"和"奖金"字段中的所有单元格,对选择区域进行"条件格式"设置。设置一定的条件,对选择区域的单元格进行筛选,设置满足条件的单元格格式,使得单元格的数据清晰易辨。

操作步骤

步骤 1　打开"职工工资信息"工作簿,将"职工工作表"复制到 sheet3 中,将 sheet3 命名为"指定单元格信息的标注",选择 D4:E9 数据区域,在经典菜单下点击"格式"→"条件格式"→"突出显示单元格规则"命令,如图 3.26 所示。

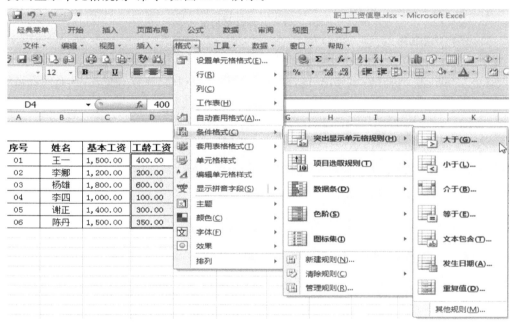

图 3.26　"条件格式"命令

步骤 2　在图 3.26 所示的菜单中选择大于命令,打开"大于"设置对话框,在左侧输入框中输入 320,表示条件为大于 320,在"设置为"下拉选项中选择"浅红色填充",表示将满足条件的单元格填充为浅红色。如图 3.27 所示。

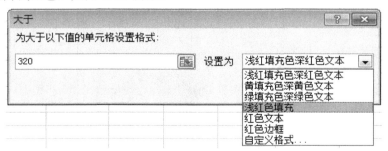

图 3.27　条件格式设置

步骤 3　设置完成以后,点击"确定"按钮,结果如图 3.28 所示。

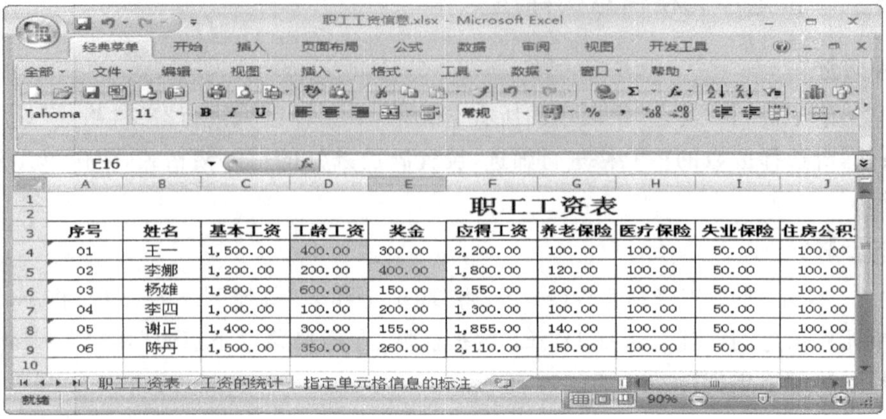

图 3.28　条件设置结果

步骤 4　按照步骤 1-2 的操作,在如图 3.27 所示的对话框中选择"自定义格式"命令,打开"设置单元格格式"对话框,通过该对话框,可以根据需要,自己去设置格式,从而使表格更有表现力,如图 3.29 所示。

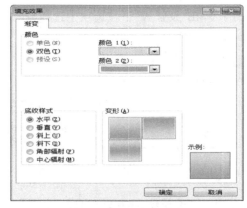

图 3.29　单元格条件格式设置

步骤 5　在图 3.29 所示的对话框中选择"填充效果"按钮,就可以打开"填充效果"对话框,设置更为丰富的效果,如图 3.30 所示。

图 3.30　填充效果设置

步骤 6　按照大于条件的设置,分别选择小于、等于等命令,设置对应的条件格式。

步骤 7　通过在"条件格式"下拉菜单中点击"新建规则"命令,可以打开"新建格式规则"对话框,可以根据需要设置新的格式规则,如图 3.31 所示。

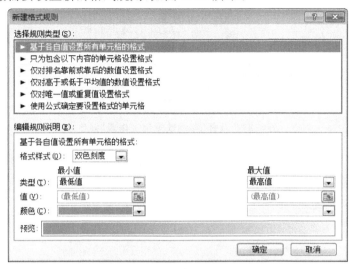

图 3.31　新建格式规则

步骤 8　通过在"条件格式"下拉菜单中点击"管理规则"命令,就可以打开"条件格式规则管理器"对话框,可以对所有的条件格式规则进行管理,方便操作,如图 3.32 所示。

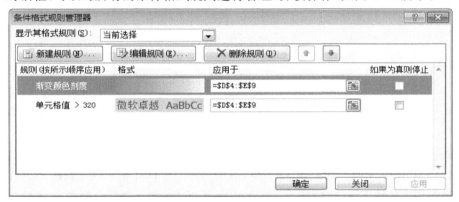

图 3.32　"条件格式规则管理器"对话框

步骤 9　保存设置结果,退出 Excel 软件。

任务四　优秀员工的评定

任务描述

通过 Excel 中插入 IF 函数,以员工获得奖金额度的大小为条件,评定出优秀的员工。

操作步骤

步骤 1　打开"职工工资信息"工作簿,用鼠标右击"职工工资表",在弹出的"快捷菜单"中选择"移动或复制工作表"命令,如图 3.33 所示。

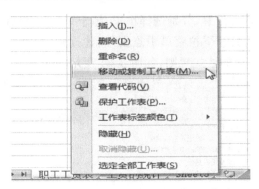

图 3.33 选择"移动或复制工作表"菜单

步骤 2 设置"移动或复制工作表"对话框,在"将选定工作表移至工作簿"下拉列表框中选择"职工工资信息.xlsx"选项,在"下列选定工作表之前"下拉列表框中选择"移至最后"选项,选中"建立副本"可选框(如果不选就只是将原来的表进行了移动),点击"确定"按钮,如图3.34 所示。

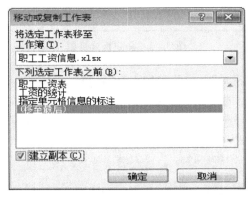

图 3.34 选择移动位置

步骤 3 在 F 列前插入新的一列,输入字段名"优秀"。

步骤 4 选中单元格 F4,插入 IF 函数。

步骤 5 认识 IF 函数。如图 3.35 所示,其中 Logical_Test 输入框是判断的条件,Value_If_Ture 输入框是满足该条件时的取值,而 Value_If_False 输入框是不满足条件时的取值,注意条件和值都可以选表格中某个单元格对应的值,也可以是人为的手动输入。

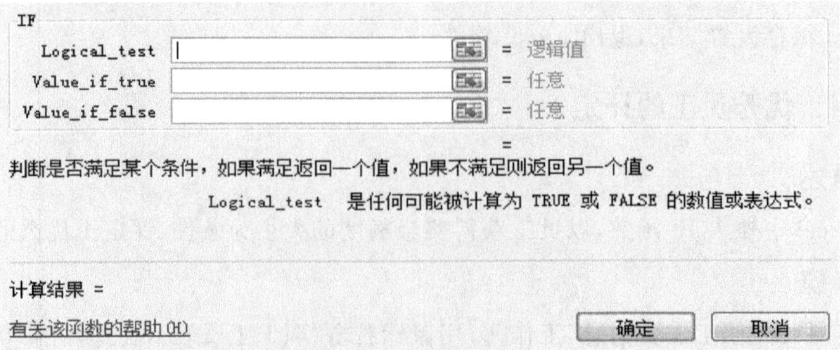

图 3.35 IF 函数

步骤 6　判断王一是否优秀。在 Logical_Test 文本框中输入"E4＞200"，在 Value_If_Ture 文本框中输入"是"，在 Value_If_False 文本框中输入"否"。如图 3.36 所示。

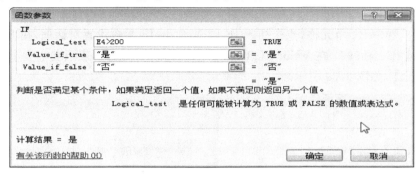

图 3.36　"IF 函数"参数设置

步骤 7　点击"确定"按钮，结果如图 3.37 所示。

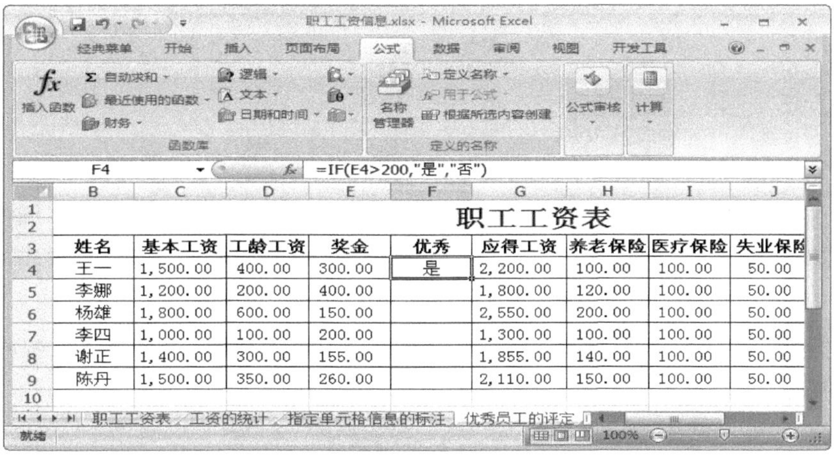

图 3.37　判断结果

步骤 8　利用智能填充功能将功能向下填充至 F9，结果如图 3.38 所示。

图 3.38　判定公式智能填充

步骤 9　在 G 列前面插入新的一列,输入字段名"员工等级",我们将在该列单元格中显示员工的等级,如"优秀"、"良好"、"合格"、"不合格",判定的条件以奖金的多少来划分。

步骤 10　选中 G4 单元格,点击插入 IF 函数,打开 IF 参数设置对话框,在 Logical_Test 文本框中输入"E4>399",在 Value_If_Ture 文本框中输入"优秀",表示奖金大于等于 400 的员工为优秀员工,如图 3.39 所示。

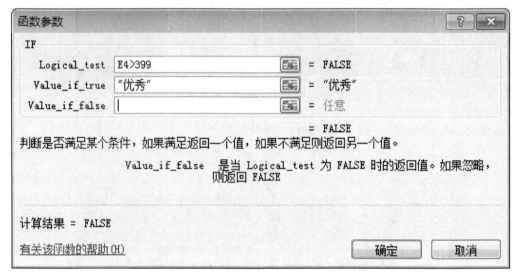

图 3.39　参数设置

步骤 11　选中 Value_If_False 文本框中输入框,再用鼠标点击单元格编辑栏左侧的 IF 插入新的 IF 函数,这叫做 IF 的嵌套应用,如图 3.40 所示。

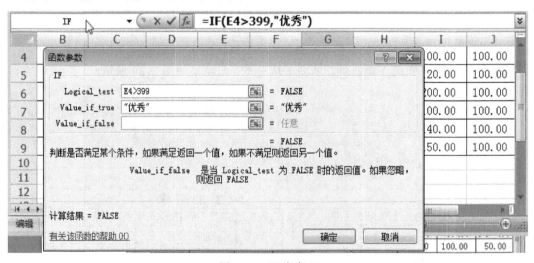

图 3.40　IF 嵌套 1

步骤 12　如图 3.41 所示,设置函数的参数,该项表示奖金大于等于 300 的为良好,再次嵌套 IF 函数。

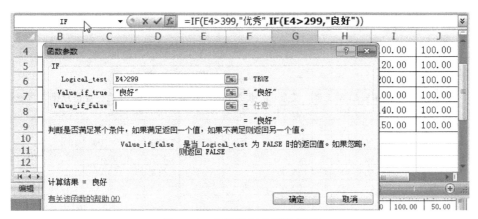

图 3.41　参数设置及再次嵌套

步骤 13　如图 3.42 所示设置函数参数,表示员工奖金大于等于 200 的为合格,否则不合格。

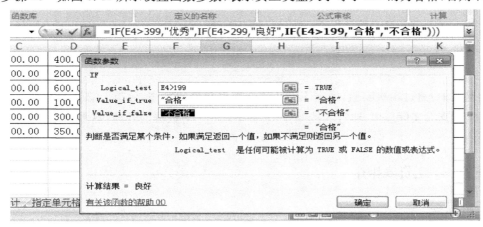

图 3.42　IF 嵌套 2 的参数设置

步骤 14　确认后就会进行判断,结果如图 3.43 所示。

	B	C	D	E	F	G	H	I	J	K
4	王一	1,500.00	400.00	300.00	是	良好	2,200.00	100.00	100.00	50.00
5	李娜	1,200.00	200.00	400.00	是		1,800.00	120.00	100.00	50.00
6	杨雄	1,800.00	600.00	150.00	否		2,550.00	200.00	100.00	50.00
7	李四	1,000.00	100.00	200.00	否		1,300.00	100.00	100.00	50.00
8	谢正	1,400.00	300.00	155.00	否		1,855.00	140.00	100.00	50.00
9	陈丹	1,500.00	350.00	260.00	是		2,110.00	150.00	100.00	50.00

图 3.43　王一等级的判定

步骤 15　函数的复制,IF 函数可以嵌套应用也可以进行复制,最终所有员工的判定结果如图 3.44 所示。

	B	C	D	E	F	G	H	I	J	K
1						职工工资表				
2										
3	姓名	基本工资	工龄工资	奖金	优秀	员工等级	应得工资	养老保险	医疗保险	失业保
4	王一	1,500.00	400.00	300.00	是	良好	2,200.00	100.00	100.00	50.0
5	李娜	1,200.00	200.00	400.00	是	优秀	1,800.00	120.00	100.00	50.0
6	杨雄	1,800.00	600.00	150.00	否	不合格	2,550.00	200.00	100.00	50.0
7	李四	1,000.00	100.00	200.00	否	合格	1,300.00	100.00	100.00	50.0
8	谢正	1,400.00	300.00	155.00	否	不合格	1,855.00	140.00	100.00	50.0
9	陈丹	1,500.00	350.00	260.00	是	合格	110.00	150.00	100.00	50.0
10										

图 3.44　IF 函数嵌套的智能填充

实验 3　排序、分类汇总和数据筛选

实验目的:通过本次实验,掌握 Excel 软件中对数据的排序、分类汇总及数据筛选等知识点的基本概念及实际应用,通过实践操作,掌握 Excel 中对数据的处理,熟悉应用,提高解决实际问题的能力。

任务一　工资表排序

任务描述

利用高级排序的方式,对员工的"基本工资"进行降序排列,如果基本工资相等,则按"奖金"的额度进行降序排列,如果奖金的额度仍相等,就按"工龄工资"进行降序排列。

操作步骤

步骤 1　打开"职工工资信息"工作簿,用鼠标在工作簿中的任意表名字处右击,在弹出的"快捷菜单"中选择"插入"命令,就可以打开"插入"对话框,选择"工作表"选项,点击"确定"按钮,如图 3.45 所示。

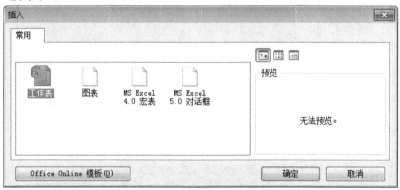

图 3.45　"插入工作表"对话框

步骤 2　将插入的新表命名为"员工工资的排序",将"职工工资表"中的数据全部复制到新建的表中,选择数据区域 B4:E9,点击"数据"→"排序"命令,如图 3.46 所示。

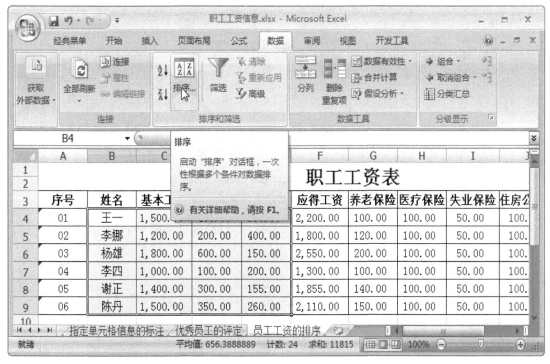

图 3.46　选择数据区域点击"排序"命令

步骤 3　对"排序"对话框进行设置。在"主要关键字"对应的下拉列表框中选择"基本工资"选项,排序依据为"数值",次序为"降序",如图 3.47 所示。

图 3.47　排序方式设置

步骤 4　点击"添加条件"按钮在"次要关键字"对应的下拉列表框中选择"奖金"选项,排序依据为"数值",次序为"降序"。再点击"添加条件"按钮,在新添加的"次要关键字"对应的下拉列表框中选择"工龄工资"选项,排序依据为"数值",次序为"降序"如图 3.48所示。

图 3.48　排序条件设置

步骤 5　确定后所有信息按设置的条件进行降序排列,结果如图 3.49 所示。

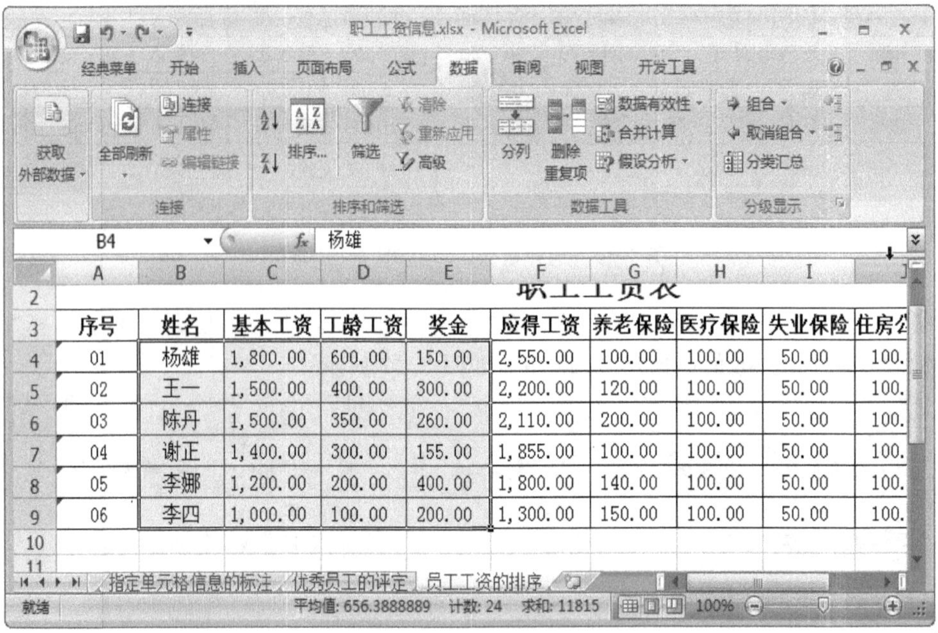

图 3.49　排序结果

任务二　工资表的分类汇总

任务描述

在"职工工资信息"工作簿中添加一个新的工作表,命名为"工资表的分类汇总",在工作表中输入 01、02、03 号员工一月份、二月份、三月份的工资信息,按照"姓名"进行分类汇总。

操作步骤

步骤 1　打开"职工工资信息"工作簿,新建一个工作表,将其命名为"工资的分类汇总",在工作表中输入前三号员工 1、2、3 月的工资信息,如图 3.50 所示。

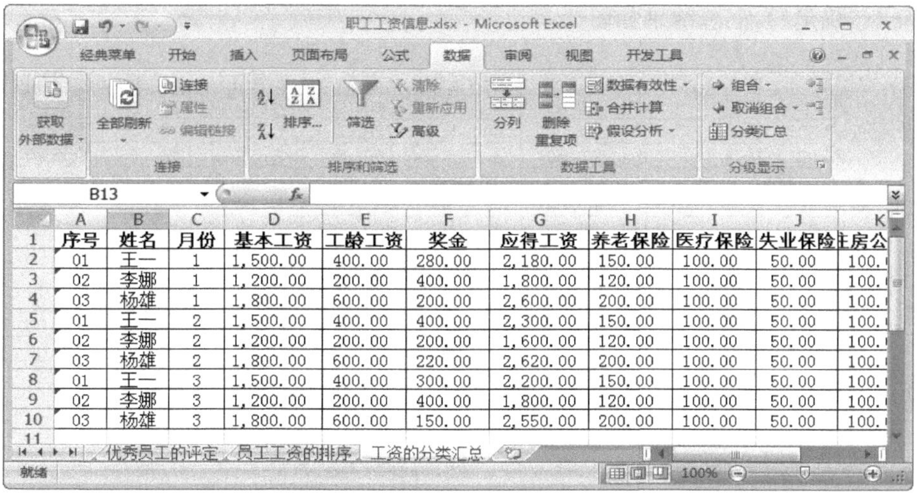

	A	B	C	D	E	F	G	H	I	J	K
1	序号	姓名	月份	基本工资	工龄工资	奖金	应得工资	养老保险	医疗保险	失业保险	主房公
2	01	王一	1	1,500.00	400.00	280.00	2,180.00	150.00	100.00	50.00	100.
3	02	李娜	1	1,200.00	200.00	400.00	1,800.00	120.00	100.00	50.00	100.
4	03	杨雄	1	1,800.00	600.00	200.00	2,600.00	200.00	100.00	50.00	100.
5	01	王一	2	1,500.00	400.00	400.00	2,300.00	150.00	100.00	50.00	100.
6	02	李娜	2	1,200.00	200.00	200.00	1,600.00	120.00	100.00	50.00	100.
7	03	杨雄	2	1,800.00	600.00	220.00	2,620.00	200.00	100.00	50.00	100.
8	01	王一	3	1,500.00	400.00	300.00	2,200.00	150.00	100.00	50.00	100.
9	02	李娜	3	1,200.00	200.00	400.00	1,800.00	120.00	100.00	50.00	100.
10	03	杨雄	3	1,800.00	600.00	150.00	2,550.00	200.00	100.00	50.00	100.
11											

图 3.50　1—3 月份员工的工资信息

步骤 2　以“姓名”为关键字，使得所有员工信息降序排列。进行分类汇总之前必须对数据进行排序，用鼠标选中“姓名”列中任意单元格，点击“常用”工具栏中的“Z↓A”按钮，对其进行降序排列。如图 3.51 所示。

	A	B	C	D	E	F	G	H	I	J	K
1	序号	姓名	月份	基本工资	工龄工资	奖金	应得工资	养老保险	医疗保险	失业保险	主房公
2	03	杨雄	1	1,800.00	600.00	200.00	2,600.00	200.00	100.00	50.00	100.
3	03	杨雄	2	1,800.00	600.00	220.00	2,620.00	200.00	100.00	50.00	100.
4	03	杨雄	3	1,800.00	600.00	150.00	2,550.00	200.00	100.00	50.00	100.
5	01	王一	1	1,500.00	400.00	280.00	2,180.00	150.00	100.00	50.00	100.
6	01	王一	2	1,500.00	400.00	400.00	2,300.00	150.00	100.00	50.00	100.
7	01	王一	3	1,500.00	400.00	300.00	2,200.00	150.00	100.00	50.00	100.
8	02	李娜	1	1,200.00	200.00	400.00	1,800.00	120.00	100.00	50.00	100.
9	02	李娜	2	1,200.00	200.00	200.00	1,600.00	120.00	100.00	50.00	100.
10	02	李娜	3	1,200.00	200.00	400.00	1,800.00	120.00	100.00	50.00	100.
11											

图 3.51　按“姓名”降序排列

步骤 3　点击“数据”→“分类汇总”菜单，打开“分类汇总”对话框，在“分类字段”下拉列表框中选择“姓名”选项，在“汇总方式”下拉列表框中选择“求和”选项，在“选定汇总项”可选框中选中“基本工资、工龄工资、奖金、应得工资”等项，选中“汇总结果显示在数据下方”选项，如图 3.52 所示。

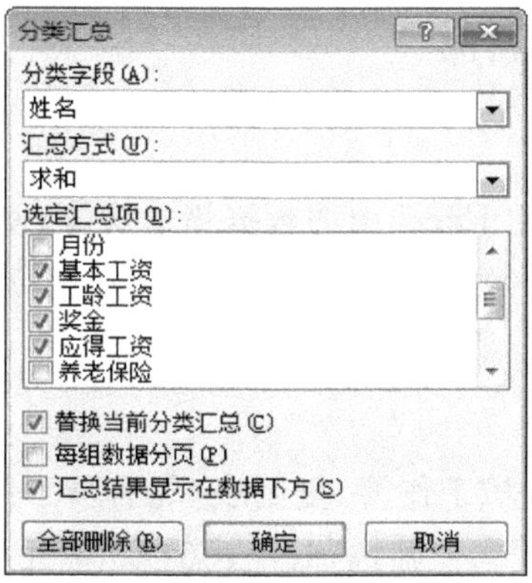

图 3.52　“分类汇总”设置对话框

步骤 4 确定后，汇总结果如图 3.53 所示。

	A	B	C	D	E	F	G	H	I	
1	序号	姓名	月份	基本工资	工龄工资	奖金	应得工资	养老保险	医疗保险	失业
2	03	杨雄	1	1,800.00	600.00	200.00	2,600.00	200.00	100.00	50
3	03	杨雄	2	1,800.00	600.00	220.00	2,620.00	200.00	100.00	50
4	03	杨雄	3	1,800.00	600.00	150.00	2,550.00	200.00	100.00	50
5		杨雄 汇总		5,400.00	1,800.00	570.00	7,770.00			
6	01	王一	1	1,500.00	400.00	280.00	2,180.00	150.00	100.00	50
7	01	王一	2	1,500.00	400.00	400.00	2,300.00	150.00	100.00	50
8	01	王一	3	1,500.00	400.00	300.00	2,200.00	150.00	100.00	50
9		王一 汇总		4,500.00	1,200.00	980.00	6,680.00			
10	02	李娜	1	1,200.00	200.00	400.00	1,800.00	120.00	100.00	50
11	02	李娜	2	1,200.00	200.00	200.00	1,600.00	120.00	100.00	50
12	02	李娜	3	1,200.00	200.00	400.00	1,800.00	120.00	100.00	50
13		李娜 汇总		3,600.00	600.00	1,000.00	5,200.00			
14		总计		13,500.00	3,600.00	2,550.00	19,650.00			
15										

图 3.53 分类汇总结果

步骤 5 点击图 3.53 所示结果左上角“显示级别”按钮组中的“2”按钮，原始数据就会隐藏起来，而只显示汇总结果，如图 3.54 所示。

	A	B	C	D	E	F	G	H
1	序号	姓名	月份	基本工资	工龄工资	奖金	应得工资	养老保险
5		杨雄 汇总		5,400.00	1,800.00	570.00	7,770.00	600.00
9		王一 汇总		4,500.00	1,200.00	980.00	6,680.00	450.00
13		李娜 汇总		3,600.00	600.00	1,000.00	5,200.00	360.00
14		总计		13,500.00	3,600.00	2,550.00	19,650.00	1,410.00
15								

图 3.54 汇总结果

步骤 6 点击左上角“显示级别”按钮组中的“1”按钮，只显示“总计”结果，如图 3.55 所示。

	A	B	C	D	E	F	G	H
1	序号	姓名	月份	基本工资	工龄工资	奖金	应得工资	养老保险
14		总计		13,500.00	3,600.00	2,550.00	19,650.00	1,410.00
15								

图 3.55 总计结果

任务三 工资表的数据筛选

任务描述

本次实验的主要任务是利用 Excel 中的数据筛选功能，使不满足条件的数据信息被隐藏起来，只显示满足条件的数据，本次实验要求通过“自动筛选”和“高级筛选”两种方式来实现数据的筛选。

操作步骤

步骤 1 打开“职工工资信息”工作簿，复制表“优秀员工的评定”，命名为“员工工资信息的筛选”，选中 C3:E3，点击“数据”→“筛选”命令，C3:E3 单元格右侧出现一个下拉箭头，如图 3.56 所示。

	A	B	C	D	E	F	G
1							职工
2				✛			
3	序号	姓名	基本工资▾	工龄工资▾	奖金▾	优秀	应得工
4	01	王一	1,500.00	400.00	300.00	是	2,200
5	02	李娜	1,200.00	200.00	400.00	是	1,800
6	03	杨雄	1,800.00	600.00	150.00	否	2,550
7	04	李四	1,000.00	100.00	200.00	否	1,300
8	05	谢正	1,400.00	300.00	155.00	否	1,855
9	06	陈丹	1,500.00	350.00	260.00	是	2,110

图 3.56　自动筛选

步骤 2　点击"基本工资"右侧的下拉箭头,在弹出的下拉菜单中选择"1500"选项,如图 3.57所示,表中的信息就会进行筛选,基本工资是 1500 的员工信息保留,而其他的员工信息自动隐藏,如图 3.58 所示。

	A	B	C	D	E	F	G
1							职工
2							
3	序号	姓名	基本工资▾	工龄工资▾	奖金▾	优秀	应得工
4	01	王一	升序排列 降序排列	400.00	300.00	是	2,200
5	02	李娜	(全部)	200.00	400.00	是	1,800
6	03	杨雄	(前 10 个…) (自定义…)	600.00	150.00	否	2,550
7	04	李四	1,000.00 1,200.00	100.00	200.00	否	1,300
8	05	谢正	1,400.00 1,500.00	300.00	155.00	否	1,855
9	06	陈丹	1,800.00 1,500.00	350.00	260.00	是	2,110

图 3.57　选择筛选条件

	A	B	C	D	E	F	G
1							职工
2				✛			
3	序号	姓名	基本工资▾	工龄工资▾	奖金▾	优秀	应得工
4	01	王一	1,500.00	400.00	300.00	是	2,200
9	06	陈丹	1,500.00	350.00	260.00	是	2,110
10							
11							

图 3.58　筛选结果

步骤 3　点击"奖金"右侧的下拉箭头,在弹出的如图 3.59 所示的下拉菜单中选择"数字筛选"菜单下的"自定义筛选"选项,如图 3.59 所示。

图 3.59 选择自定义筛选命令

步骤 4 设置"自定义自动筛选方式"对话框。在"条件 1"的下拉列表框中选择"大于",在右边的输入框中输入"280",选中"与"选项,在"条件 2"下拉列表框在选择"小于"选项,在输入框中输入"350",如图 3.60 所示。

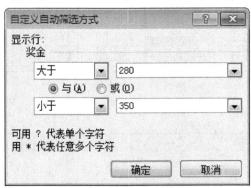

图 3.60 自定义筛选条件

步骤 5 确定后结果如图 3.61 所示。

	A	B	C	D	E	F	G
1							职工
2							
3	序号	姓名	基本工资	工龄工资	奖金	优秀	应得
4	01	王一	1,500.00	400.00	300.00	是	2,200
10							

图 3.61 应用自定义条件的筛选结果

步骤 6　分别点击“奖金”和“基本工资”右侧的下拉箭头，在弹出的如图 3.59 所示的下拉菜单中选择“全部”选项，显示出所有职工工资信息。点击“数据”→“排序与筛选”栏→“筛选”命令，自动筛选将被取消，所有数据信息全部恢复。

步骤 7　在 C10:E11 中输入筛选条件，如图 3.62 所示。

1,500.00	350.00	260.00
基本工资	工龄工资	奖金
>1200	>300	>150

图 3.62　筛选条件

步骤 8　选择单元格区域“C3:E9”，点击“数据”→“排序与筛选”栏 →“高级”命令，打开“高级筛选”对话框，选择“在原有区域显示筛选结果”选项。在“列表区域”显示数据区域“C3:E9”，在“条件区域”选择数据区域“C10:E11”，如图 3.63 所示。

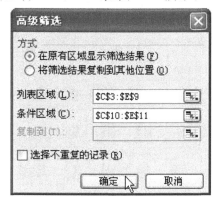

图 3.63　“高级筛选”对话框设置

步骤 9　点击“确定”按钮，结果如图 3.64 所示。

	A	B	C	D	E	F	G
1	职工工资表						
2							
3	序号	姓名	基本工资	工龄工资	奖金	优秀	应得工
4	01	王一	1,500.00	400.00	300.00	是	2,200.
9	06	陈丹	1,500.00	350.00	260.00	是	2,110.
10			基本工资	工龄工资	奖金		
11			>1200	>300	>150		
12							

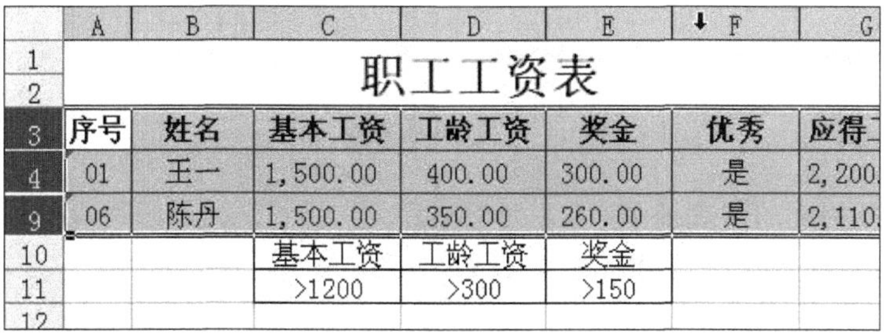

图 3.64　高级筛选结果

实验 4　数据转换为可视化图表

实验目的:通过本次实验，掌握 Excel 的图表功能，掌握将数据转换为可视化图表的方法，以及对图表进行编辑等。使其广泛地应用于学习、工作中，更好地解决一些实际问题。

任务一　员工工资对比图

任务描述

利用 Excel 中的图表功能,将工资表中员工的"实发工资"转换为柱形图进行对比。

操作步骤

步骤 1　打开"职工工资信息"工作簿,点击工作表名称后面的"🔲"按钮,插入新的工作表,并将"职工工资表"的信息复制其中,将表名称改为"可视化图表"。

步骤 2　选中姓名列中的信息和实际发放工资信息,打开插入图表类型对话框。

方法一:点击"插入"命令,在菜单栏找到"图表栏",选择相应的图表格式即可;

方法二:直接点击经典菜单中的"📊"按钮即可;

方法三:在经典菜单中点击"插入"按钮,在弹出的快捷菜单中选择"所有图表类型"即可。如图 3.65 所示。

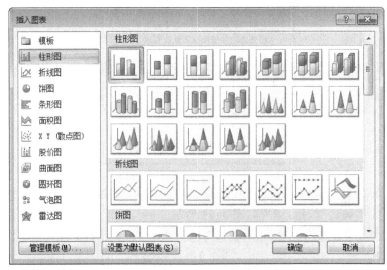

图 3.65　"插入图表"对话框

步骤 3　选择相应的图表类型。

步骤 4　点击"确定"按钮,插入的图表结果如图 3.66 所示。

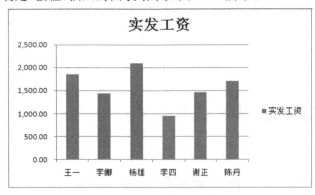

图 3.66　员工实发工资对比图

步骤 5　设置图表的字体格式。在图表上右击,在弹出的快捷菜单中选择"字体"命令,打开"字体"设置对话框,更改图表中字体的格式,如图 3.67 所示。

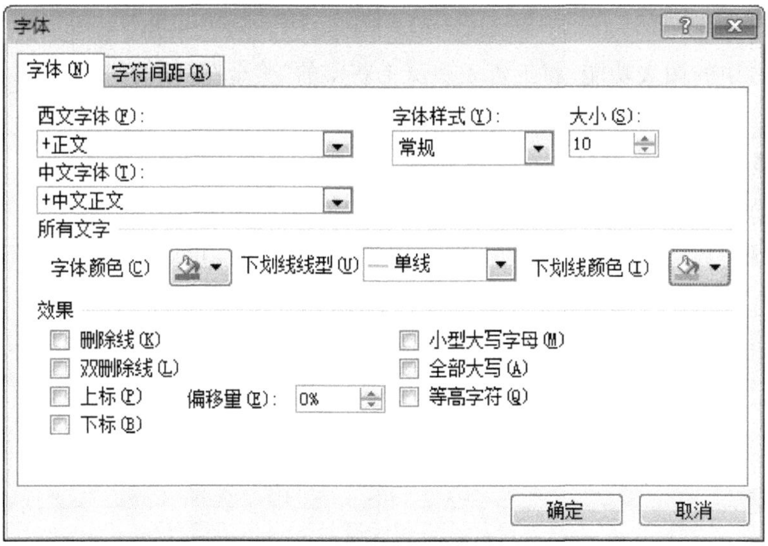

图 3.67　图表字体格式设置对话框

步骤 6　设置图表区域格式。在图表上右击,在弹出的快捷菜单中选择"设置图表区域格式"命令,打开"设置图表区格式"对话框,如图 3.68 所示。

图 3.68　"设置图表区域格式"对话框

步骤 7　预览图表编辑结果,保存工作表,关闭工作簿。

▶️任务二　奖金比例分布图

任务描述

利用 Excel 中的图表功能,将工资表中员工获得的"奖金"转换为饼状图,显示奖金的比例分布情况。

操作步骤

步骤 1　打开"职工工资信息"工作簿,打开表"可视化图表"。

步骤 2　选择数据区域"B3:B9","E3:E9",打开图表对话框,选择饼状图,如图 3.69 所示。

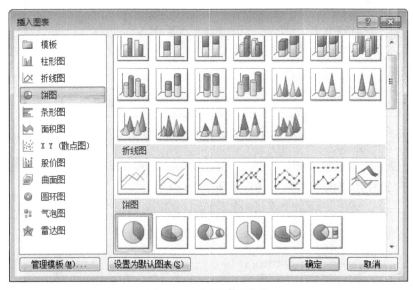

图 3.69　选择饼状图型

步骤 3　点击确认,结果如图 3.70 所示。

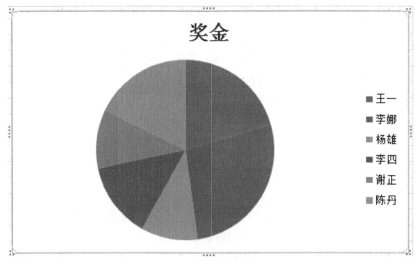

图 3.70　奖金分布结果

　　步骤 4　点击标题"奖金"字样,就可以对其进行编辑,更改为"奖金比例分布图",在饼状图的上面右击,在弹出的快捷菜单中选择"添加数据标签"命令,就会在图上显示数值,同样也可以设置数据标签的格式,编辑结果如图 3.71 所示。

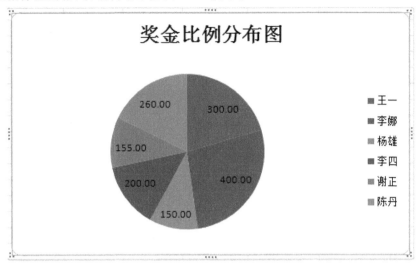

图 3.71　图表编辑

　　步骤 5　在图表上的空白区域右击,在弹出的快捷菜单中选择"移动图表"命令,打开"移动图表"对话框,一般默认位置是当前表,如图 3.72 所示。

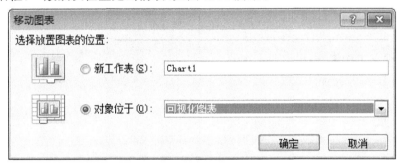

图 3.72　设置"数据标签"

　　步骤 6　用鼠标点击新工作表前面的可选按钮,在其对应的输入框中输入名称"奖金比例分布图表"(一般默认名称为 chart),如图 3.73 所示。

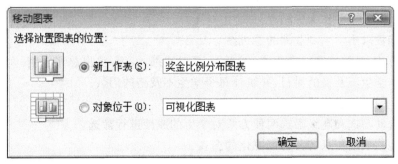

图 3.73　图表位置选择

步骤 7　点击"确定"按钮后,就会在"职工工资信息"工作簿中新建一个表,名为"奖金比例分布图表",结果如图 3.74 所示。

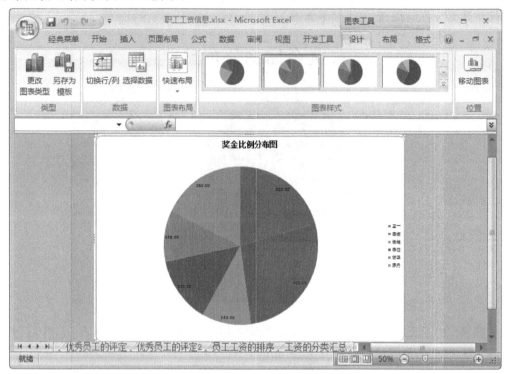

图 3.74　奖金比例分布图

步骤 8　保存工作簿,退出 Excel 2007。

实验作业

任务描述

◇ 在 Excel 2007 中新建一个学生成绩表,基本的字段信息如:序号、学号、姓名、性别、科目、专业课总成绩、平时成绩、总评成绩、名次、备注等,所有信息居中,保存至"我的文档"。

◇ 将前面两行合并作为标题栏。

◇ 利用函数求出学生专业课的总成绩。

◇ 利用公式:总评成绩＝专业课×80％＋平时成绩×20％求出总评成绩。

◇ 标注出学生不及格的科目,并统计每个学生不及格的门数。

◇ 对学生的成绩进行排序,并进行分类汇总。

◇ 通过自动筛选和高级筛选两种方式对学生的成绩进行筛选。

◇ 将学生的成绩信息转换为可视化的图表。

第 4 章　PowerPoint 演示文稿制作实验

实验概要

　　PowerPoint 是微软公司出品的 Office 系列办公软件中的一个,是一个功能强大的演示文稿制作软件。利用它能够制作文字、图形、图像、声音及视频剪辑等多媒体元素于一体的演示文稿,满足在各种场合下进行信息交流的需要。它不仅能在计算机上进行演示,也可以把它们打印出来,制作成标准的幻灯片,用于投影显示,并可以利用网络进行发布。

　　通过学习,可以掌握如下操作技能:
　　◇ 幻灯片的制作和保存。
　　◇ 输入和编辑文本,绘制图形,插入文本框、图片、声音和数字。
　　◇ 认识母版、配色方案和模板,使用幻灯片母版,更改配色方案,选择编辑模板。
　　◇ 利用超级链接组织演示文稿的内容,制作具有交互功能的演示文稿。
　　◇ 动画效果制作,播放效果的设置,演示文稿的放映。
　　◇ 打包演示文稿,通过网上发布,将演示文稿转换成网页。
　　本章共安排 3 个实验来帮助读者进一步熟练掌握学过的知识,强化实际动手能力。

实验 1　PowerPoint 的布局和基本操作

　　实验目的:学会利用版式设计来创建演示文稿。并通过插入文本框、图片、表格、制作艺术字和利用绘图等工具来创建幻灯片具体内容。实验结果如图 4.1～4.6 所示。

图 4.1　第一张幻灯片

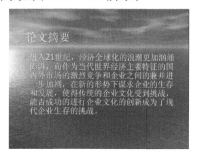

图 4.2　第二张幻灯片

图 4.3 第三张幻灯片

图 4.4 第四张幻灯片

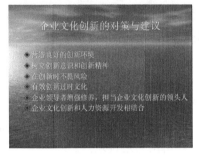

图 4.5 第五张幻灯片

图 4.6 第六张幻灯片

任务一 论文答辩文稿的布局

任务描述

依次建立 6 张幻灯片,其中第一张套用"标题幻灯片"版式,第二、第三、第五张套用"标题与内容"版式,第四、第六张套用"空白"版式。

操作步骤

步骤 1 创建空演示文稿。启动 PowerPoint,在开始对话框中单击"板式"按钮,弹出"幻灯片版式"对话框,如图 4.7 所示,其中列出了多种类型幻灯片版式。从中选择"标题幻灯片"版式,即建立了第一张标题幻灯片,如图 4.8 所示。

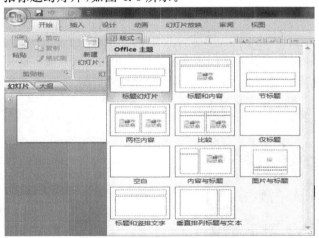

图 4.7 "幻灯片版式"对话框

图 4.8　第一张标题幻灯片

步骤 2　添加幻灯片

(1)单击工具栏上"新建幻灯片"按钮,打开"幻灯片版式"对话框。选择"标题与内容"版式,添加第二张幻灯片。按照同样的方法添加第三张幻灯片。

(2)单击工具栏上的"新建幻灯片"按钮,打开"幻灯片版式"对话框,选择"内容版式"中的"空白"版式,添加第四张幻灯片。

(3)同样用上面提到的方法添加第五、第六张幻灯片。

任务二　论文答辩文稿内容的添加

任务描述

在第一张幻灯片的主标题和副标题中输入文本。在第二、第三、第五张幻灯片中输入标题和正文内容。在第四张幻灯片中插入两个文本框,分别输入相关内容,并插入图片。在第六张幻灯片中插入艺术字和剪贴画。

操作步骤

步骤 1　完成文字输入。

(1)在左侧窗格中单击序号为 1 的幻灯片图标 1,即回到第一张幻灯片。单击标题占位符区域,输入"论企业文化创新",再单击副标题占位符区域输入"工商管理专业 2004 级 董海燕"。

(2)切换到第二张幻灯片,单击标题占位符区域,输入"论文摘要",单击正文文本占位符区域输入:"进入 21 世纪,经济全球化的浪潮更加汹涌澎湃,而作为当代世界经济主要特征的国内外市场的激烈竞争和企业之间的兼并进一步加剧,在新的形势下谋求企业的生存和发展,使得传统的企业文化受到挑战,能否成功的进行企业文化的创新成为了现代企业生存的挑战。"。

(3)切换到第三张幻灯片,单击标题占位符区域,输入"当代企业文化"。单击正文文本占位符区域,输入以下内容:"企业文化的概念、企业文化的含义 、企业文化的特点、企业文化的作用 ;企业文化的创新和发展、企业文化创新是企业制度创新的基础 、战略创新源于文化创新 、文化创新是技术创新的先导。"

（4）切换到第四张幻灯片，单击"绘图"工具栏上的"竖排文本框"按钮，将鼠标指针放在幻灯片中合适的位置上，单击，在文本框中输入"企业文化创新存在的障碍"，如图4.9所示。单击"绘图"工具栏上的"文本框"按钮，将鼠标指针放在合适的位置上，单击，在文本框中输入："拿来主义使得企业文化缺乏个性"，"企业文化的价值观模糊"，"外在环境的不充足"。

（5）切换到第五张幻灯片，单击鼠标占位符区域，输入"企业文化创新的对策与建议"。单击正文文本占位符区域，输入："营造良好的创新环境"、"树立创新意识和创新精神"、"在创新时不畏风险"、"有效创新过时文化"、"企业领导者增强修养，担当企业文化创新的领头人"、"企业文化创新和人力资源开发相结合"。

步骤2　插入图片。切换到第四张幻灯片，单击"插入"→"剪贴画"快捷按钮，出现"剪贴画"对话框，单击"管理剪辑"超级链接查找或者通过搜索名称为"businessmen"的图片，找到后单击"插入"按钮，如图4.10所示。

图4.9　竖排文本框

图4.10　插入剪贴画"businessmen"

步骤3　插入艺术字。切换到第六张幻灯片，单击"插入"→"文本"工具栏上的"艺术字"按钮，出现"艺术字库"对话框，如图4.11所示，其中提供了多种艺术字的样式。根据风格选择合适的一种式样。

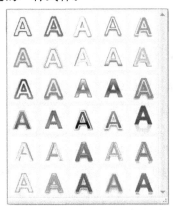

图4.11　"艺术字库"对话框

图4.12　编辑"艺术字"文本框

屏幕上出现"编辑"艺术字文字文本框，如图4.12所示。在对话框中输入文字"谢谢各位评委老师指导！"，单击"确定"按钮，即完成艺术字的插入。

步骤 4　插入剪切画。单击"绘图"工具栏上的"剪贴画"按钮,打开"Microsoft 剪切画图库"窗口。通过该窗口右侧的垂直滚动条浏览列表框中的内容,如图 4.13 所示。单击"会议"类别,打开该类别的剪切画。在图片列表窗口选择"图片定义",如图 4.14 所示,单击其中的"插入剪辑"按钮,完成剪切画插入操作。

图 4.13　"剪贴画"窗口

图 4.14　"会议"剪贴画

任务三　论文答辩文稿风格的统一

任务描述

改变第三张幻灯片中的文字的格式级别。设置第四张幻灯片中标题文本框和第五张幻灯片中艺术字的字体和大小。给演示文稿应用设计模板"ocean"。将演示文稿取名为"论文答辩稿"进行保存。

操作步骤

步骤 1　文本格式降级。在第三张幻灯片中选取文字"企业文化的含义"、"企业文化的特点"、"企业文化的作用"、"企业文化创新是企业制度创新的基础"、"战略创新源于文化创新"、"文化创新是技术创新的先导"。在"开始"菜单下的"段落"工具栏里,单击"降级列表级别"按钮,完成对选中对象的降级操作,同样选择"提高列表级别"按钮可做升级操作。

步骤 2　文本修饰。

(1)打开第四张幻灯片,将鼠标移到文本框"企业文化创新存在的障碍"边缘,当鼠标指针呈现十字箭头,单击,即选中文本框。利用"开始"工具栏上的"字体"和"字号"选项按钮修饰文字。

(2)打开第六张幻灯片,单击艺术字"谢谢各位评委老师指导",再单击工具栏上的"格式"菜单,出现"艺术字样式"工具栏。单击"设置文本效果"按钮,弹出效果设置窗口,根据需要对艺术字进行相应的格式修饰操作。

　　步骤 3　画线条。打开第四张幻灯片,用前面提到的方法设置文本框文字。在开始菜单下,单击"绘图"工具栏上的"直线"按钮,按住鼠标左键,在合适位置拖拽出一条直线。参照如图 4.15,用同样方法再画两条直线,并调整幻灯片上内容的版面布局。

图 4.15　用线条修饰文本

图 4.16　"幻灯片设计"对话框

　　步骤 4　应用设计模板　在"设计"菜单下,根据当前幻灯片内容风格,选取一个系统内置的模板。如图 4.16 所示。选取模板文件"ocean"后,稍等片刻后,演示文稿将以新的风格出现。

　　步骤 5　关闭保存文件。单击"常用"工具栏上的"保存"按钮。这时会弹出"另存为"对话框,如图 4.17 所示。在"保存位置"下拉列表中选择文档的保存位置。在"文件名"下列表框中输入"论企业文化创新",单击"保存"按钮。

图 4.17　"另存为"对话框

任务四　论文答辩文稿风格的确立

任务描述

更改幻灯片配色方案,将背景颜色设置为浅紫色,阴影颜色设置为深紫色。更改幻灯片母版,将标题样式设置为倾斜,并在母版的右上角插入剪切画。将更改后的母版保存为模板文件"company.pot"。

操作步骤

步骤 1　定义配色方案。单击"设计"菜单,选择主题工具栏"颜色"命令,打开"主题颜色"对话框,如图 4.18 所示,按照要求选择相应的颜色方案。当鼠标置于某个颜色主题时,幻灯片就会发生相应的变化。确定颜色主题后单击主表左键确认主题颜色的更改。

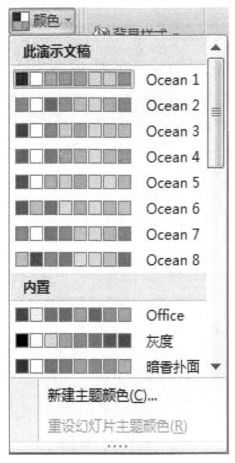

图 4.18　"主题颜色"对话框

同样进入"字体"和"效果"主题对话框可以更改当前幻灯片的页面字体和效果设置。

步骤 2　自定义模板文件。

(1)单击"视图"菜单进入演示文稿视图工具栏,选择"幻灯片母版"命令按钮,进入当前模板的幻灯片母版状态,如图 4.19 所示。选择幻灯片母版的标题区,切换到"开始"菜单下单击"字体"工具栏上的"倾斜"按钮。

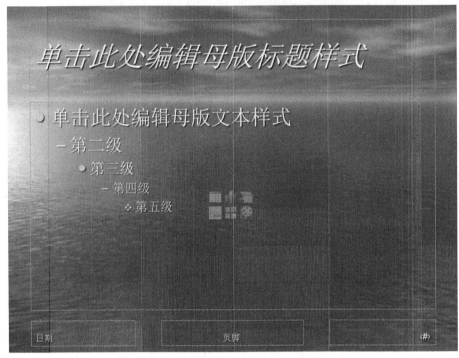

图 4.19　幻灯片母版

（2）单击"视图"菜单下的"幻灯片浏览"按钮，这时就会看到所有的幻灯片的标题都会变得倾斜，如图 4.20 所示。

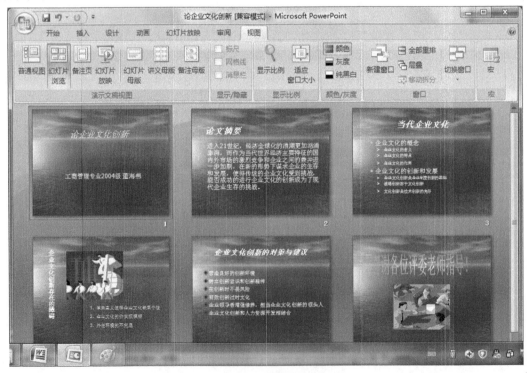

图 4.20　样例效果图

步骤 3　保存为模板文件。

选择"office"按钮,选择"另存为"命令,单击"其他格式"。在"文件名"下拉列表框中输入"company",在"保存类型"下拉列表框中选择"PowerPoint 模板"选项,这时该对话框中"保存位置"列表框当前位置自动变为 Templates 文件夹。单击"保存"按钮,如图 4.21 所示。

图 4.21　"另存为"模板对话框

实验 2　演示文稿放映效果

实验目的:掌握在演示文稿内设置超级链接的方法,更好地组织演示文稿的内容。掌握插入多媒体对象,为幻灯片上的对象设置美妙的动画效果,让它们按照一定的出场顺序以特殊的方式在屏幕上出现,使演示文稿真正成为一个具有多媒体效果的艺术作品。

任务一　专辑介绍文稿动画效果的实现

任务描述

打开给定的演示文稿素材,设置幻灯片中对象的动画特效和启动方式,设置动画的播放次序以及幻灯片的切换效果。

操作步骤

步骤 1　设置动画效果。

(1)打开给定的演示文稿"专辑人物介绍"素材文件,如图 4.22 所示。

图 4.22　专辑人物介绍演示文稿

（2）切换到第一张幻灯片，左键单击选中需要设定动画的页面对象，单击"动画"菜单栏下"动画"工具栏中的"自定义动画"对话框，如图 4.23 所示。

图 4.23　"自定义动画"对话框

（3）在弹出的"自定义动画"对话框中点击"添加效果"下拉式列表框，弹出如图 4.24 所示的快捷菜单，选择"进入"→"飞入"，这样就定义了所选对象在放映时的出现的动作方式。接着还可以通过刚才弹出的快捷菜单定义此标题对象"强调"、"退出"时的动作方式，最后还能定义动作的路径。

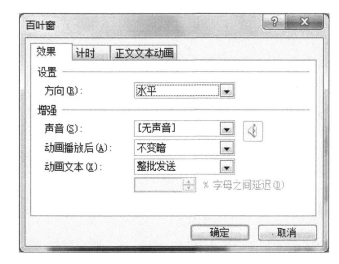

图 4.24　快捷菜单　　　　　　　　　　图 4.25　"效果"对话框

（4）用鼠标右键单击"自定义动画"对话框中定义过的动画效果"Micheal Jackson"，在弹出的快捷菜单中单击"效果"选项，弹出"飞入"的"效果"对话框，如图 4.25 所示。此时可以设置"Micheal Jackson"标题对象"飞入"的各种效果，比如"方向"、"声音"、"状态"等。

（5）切换到"计时"选项卡，如图 4.26 所示，选择"开始"中的"单击时"，并设置延迟时间为0.5 秒，"速度"为中速，其他设置为默认参数。

图 4.26　"计时"对话框

（6）依照上面的自定义动画的设置方法再把其余的幻灯片中需要定义动画的对象进行

设置。

步骤 2　设置切换效果。在"动画菜单下",根据需要选择"从下向中央收缩"选项,然后选择"慢速"单选按钮,单击"应用"按钮,如图 4.27 所示。

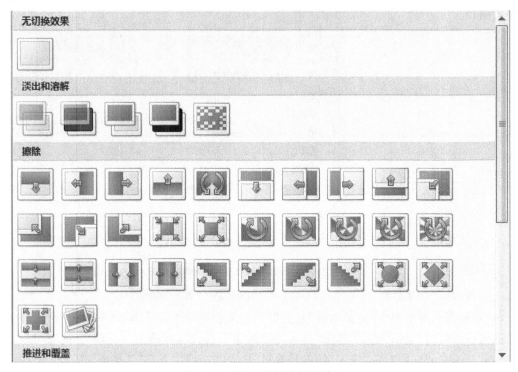

图 4.27　"幻灯片切换"对话框

另外幻灯片切换效果还可以做出声音、速度、切换方式等设置,如图 4.28 所示。

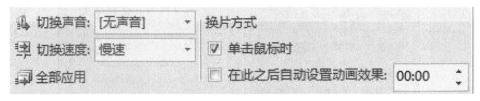

图 4.28　"幻灯片切换效果"对话框

任务二　专辑介绍文稿背景音乐的设置

任务描述

在第一张幻灯片中插入声音文件。要求播放幻灯片时,音乐自动播放,并且循环播放,不会随着幻灯片的切换而停止,即实现背景音乐。

操作步骤

步骤 1　插入声音。

(1)打开第一张幻灯片,单击"插入"菜单,选择"声音"按钮单击,选择"文件中的声音命令",打开"插入声音"对话框,如图 4.29 所示。

图 4.29　"插入声音"对话框

　　(2)找到所要插入的声音文件,单击"确定"按钮,屏幕上出现了一个提示对话框,如图4.30所示。

图 4.30　提示对话框

　　(3)单击"自动"按钮,提示对话框自动关闭,幻灯片上出现了声音图标。将声音图标放到图片上方,选中图标,右击该图标。在弹出的快捷菜单单击"叠放次序""置于底层"命令,即图标隐藏在图片背后,声音插入完毕,在幻灯片放映时就会自动播放。

　　步骤 2　设置背景音效。

　　(1)左键单击选中音乐图标后,在菜单中选择"选项"命令,在"声音选项"栏设置音乐播放的各种音效参数,如图 4.31 所示。

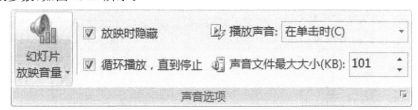

图 4.31　设置音乐播放方式

　　(2)通过"声音选项"对话栏分别设置音乐的播放音量、播放方式等选项完成背景音乐设置。

任务三 专辑介绍文稿交互功能实现新歌视听

任务描述

在演示文稿内设置超级链接,实现幻灯片之间的跳转。设置演示文稿与外部文件的超级链接,实现新歌试听。

操作步骤

步骤1 设置幻灯片之间的跳转。

(1)切换到第二张幻灯片,选取所要链接的文字,单击"插入"菜单,选择"连接"栏的"动作"命令,打开"动作设置"对话框,如图4.32所示。

图4.32 "动作设置"对话框

(2)选择"超级链接"单选按钮,打开"超级链接到"单选按钮下方的下拉列表。

(3)选择"幻灯片"选项,屏幕上出现"连接到幻灯片"对话框,从中选择"3.幻灯片"选项,单击"确定"按钮,如图4.33所示。

图4.33 "超链接到幻灯片"对话框

（4）采用上面所述方法，将该幻灯片中的文字"历年专辑"、"获奖记录"分别超链接到第四张幻灯片和第五张幻灯片。

步骤 2　超链接到文件。

（1）选取文字"thriller"，同步骤 1 操作选择"插入"菜单下的"超链接"命令按钮。弹出如图 4.34 所示对话框，选择要插入的文件后单击确定按钮。

图 4.34　"超链接到其他文件"对话框

（2）在"查找范围"下拉列表中找到所要插入的声音文件（月光奏鸣曲.asf），单击"确定"按钮，如图 4.34 所示。

（3）采用上面提到的方法，将该幻灯片中的文字"Bad"、"Dangerous"、"Invincible"分别超链到对应的曲目文件。

任务四　专辑介绍文稿的自动播放

任务描述

第一张幻灯片到第五张幻灯片的换页方式设置为"单击鼠标时"，同时还要设置每隔多少时间间隔自动换页的功能。设置每张幻灯片自动换页的时间间隔分别为 8 秒、10 秒、6 秒、6 秒、6 秒。演示文稿的放映类型设置为"循环放映，按 Esc 键终止"。

操作步骤

步骤 1　自动换页方式的设定。

单击 PowerPoint 应用程序窗的"视图"菜单按钮，进入幻灯片浏览视图画面。选中第一张幻灯片。单击"动画"菜单，在"幻灯片切换"栏设置"换片方式"选项组中选中"单击鼠标换页"和"每隔"复选框，在"每隔"数值框中输入"00:08"。单击"应用"按钮，如图 4.35 所示。

图 4.35　幻灯片"换片方式"对话框

选中第二张幻灯片，单击"幻灯片浏览"工具栏上的"幻灯片切换"按钮，打开"幻灯片切换"对话框。在"换页方式"选项组中选择"单击鼠标时"和"每隔"复选框，在"每隔"数值框中输入

"00:10"。单击"应用所有幻灯片"按钮。

　　单击第三张幻灯片,按住 Shift 键,在单击第五张幻灯片,即同时选中了第三张——第五张幻灯片。单击"幻灯片浏览"工具栏上的"幻灯片切换"按钮,打开"幻灯片切换"对话框。在"换片方式"选项组中选择"单击鼠标时"和"每隔"复选框,在"每隔"数值框中输入"00:06"。单击"应用"按钮。

　　步骤 2　放映类型的设置。单击"幻灯片放映""设置放映方式"命令,打开"设置放映方式"对话框。在"放映类型"选项组中选择"在展台浏览"单选按钮,如图 4.36 所示,单击"确定"按钮。

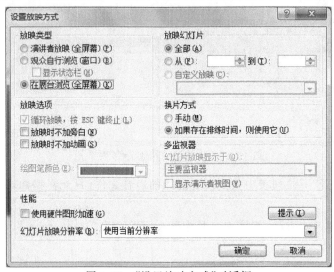

图 4.36　"设置放映方式"对话框

实验 3　综合运用提高

　　实验目的:此实验是对前面知识点的综合运用,对前面所学知识点能起到复习和巩固的作用。在掌握了这些知识的基础上提出了新的操作:演示文稿的打包及解包,演示文稿文件与网页文件之间的转换,为了演示文稿在不同地方的使用及网上发布做好准备。实验结果如图 4.37～图 4.42 所示。

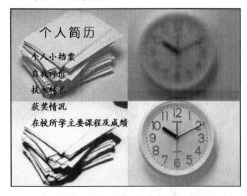

图 4.37　第一张幻灯片

图 4.38　第二张幻灯片

图 4.39　第三张幻灯片

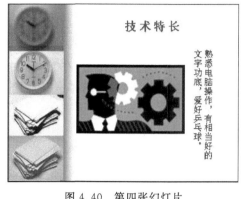

图 4.40　第四张幻灯片

图 4.41　第一张幻灯片

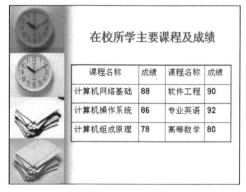

图 4.42　第一张幻灯片

任务一　静态个人简历文稿的制作

任务描述

以此建立 6 张幻灯片,其中第一张——第六张"空白"版式。参照实验结果,在每张幻灯片中插入文本框、艺术字、剪贴画和表格,输入相应的标题和文字内容,并进行修饰。给演示文稿应用设计模板"proposal.pot"。

操作步骤

步骤 1　建立空演示文稿。

(1)启动 PowerPoint,点击"幻灯片设计"按钮,在打开的"应用设计模板"对话框中,选择"proposal"设计模板。

(2)单击工具栏上的"新幻灯片"按钮,打开"新幻灯片"对话框。应用"空白版式"添加第二张幻灯片。按照同样的方法添加第三张、第四张及第五、第六张幻灯片。

(3)单击工具栏上的"设计"按钮,打开"幻灯片设计"对话框,选择"proposal"版式,应用到所有幻灯片。

步骤 2　利用文本框进行文字输入。

(1)切换到第一张幻灯片。单击"绘图"工具栏上的"文本框"按钮,将鼠标指针放在合适的位置上单击,在文本框中输入"个人简历"。用同样的方法,完成该幻灯片中其他 5 个文本框文字的输入。

（2）切换到第二张幻灯片。单击"绘图"工具栏上的"竖排文本框按钮"，将鼠标指针放在合适的位置上单击，在文本框中输入"个人档案"。在单击"绘图"工具栏上的"文本框"按钮，将鼠标指针放在合适的位置上单击，在文本框中输入与个人简历的相关信息。

（3）切换到第三张幻灯片，单击"绘图"工具栏上的"文本框"按钮，将鼠标指针放在合适的位置上单击，在文本框中输入下列文字："我工作踏实，任劳任怨，能及时完成任务，诚实守信，热心待人，勇于挑战自我"。

（4）切换到第四张幻灯片，单击"绘图"工具栏上的"文本框"按钮，将鼠标指针放在合适的位置上单击，在文本框中输入"技 术 特 长"。用同样的方法在竖排文本框中输入"熟悉计算机操作，有相当好的文字功底，爱好乒乓球"。

步骤 3　插入艺术字。回到第三张幻灯片，单击"绘图"工具栏上的"插入艺术字"按钮，打开"艺术字库"对话框，选择第 11 种样式，单击"确定"按钮。屏幕上出现"编辑艺术字"文字对话框。在"文字"对话框输入文字"自我评价"，单击"确定"按钮，即完成艺术字的插入。

步骤 4　切换到第四张幻灯片。单击"插入"→"图片"→"剪贴画"命令，打开"剪贴画库"对话框，点击"管理剪辑..."，选择"人物"中关键词为"gears"的剪贴画进行复制到当前幻灯片。

步骤 5　插入剪贴画。

（1）切换到第五张幻灯片，单击标题占位符区域，输入"获奖情况"，单击左侧的文本框区域输入下列文字："曾三次获得专业一等奖、曾两次获得校三好学生、曾获省级创业大赛二等奖、优秀共产党员"。

（2）双击剪切画区域，打开"Office 收藏集"对话框，单击"学院"类别，打开该类别的剪切画。在图片列表窗口选择关键词为"apple"图片，添加到当前幻灯片中，并调整在页面中的布局。

步骤 6　插入表格。切换到第六张幻灯片，单击标题占位符区域，输入"在校所学主要课程和成绩"。双击该表格区，打开"插入表格"对话框，在"列数"和"行数"数值框中都输入"4"，单击"确定"按钮，完成表格插入。按要求完成表格中文字的输入。

▶ 任务二　个人简历的播放效果设置

任务描述

设置超链接，添加动作按钮，实现好的之间的跳转。插入声音文件，设成背景音乐，自动播放。设置动画效果、播放次序和切换效果。

操作步骤

步骤 1　设置超链接。打开第一张幻灯片，选中"个人小档案"文本框，单击"幻灯片放映""动作设置"命令，出现"动作设置"对话框。选择"超链接到"单选按钮，在其下拉类表框中选择"幻灯片"选项。屏幕上出现"超链接到幻灯片"对话框，从中选择"幻灯片 2"，单击"确定"按钮。用同样的方法完成其余 5 个文本框与幻灯片的链接。

步骤 2　添加动作按钮。打开第二张幻灯片，单击"幻灯片放映""动作按钮""动作按钮：第一张"命令，在合适位置拖动鼠标箭头，画出一个动作按钮，出现"动作设置"对话框。选择

"超链接到"单选按钮,在其下拉列表框中选择"第一张"选项,单击"确定"按钮。用同样的方法在其余 4 张幻灯片中插入该类型的动作按钮。

步骤 3　插入声音。打开第一张幻灯片,单击"插入"→"影片和声音"→"文件中的声音"命令,出现"输入声音"对话框。找到所要插入的声音文件。单击"确定"按钮,在屏幕出现的提示对话框中,打击"是"按钮,提示对话框自动关闭,声音插入完毕。

步骤 4　设置背景音效。

(1)单击音乐图标,单击"幻灯片放映"→"自定义动画"命令,启动方式采用"在前一事件后"选项。切换到"播放声音"对话框,在"开始播放:"选项组中选择"单击时"单选按钮,把"停止播放:"选择设置为"在 10 张幻灯片后"。

(2)打开"计时"对话框。选择"重复"→"直到幻灯片末尾",这样就完成了背景音乐的设置。

步骤 5　设置动画效果。

(1)打开第二张幻灯片,单击"幻灯片放映"→"自定义动画"命令,出现"自定义动画"对话框,在"检查动画幻灯片对象"列表框中选中"文本 1"和"文本 2"。选择"动画顺序"列表框中的"文本 1"。切换到"效果"选项卡,在"动画和声音选项组的下拉列表框中选择"打字机"选项。在"引入文本"选项组中设置"按字母"方式出现。

(2)切换到"顺序和时间"选项卡,选择"动画顺序"列表框中的"文本 2",在"启动动画"选项组中,设置"在前一事件后 1 秒,自动启动"。切换到"效果"选项卡,在"动画和声音"选项组的左侧下拉列表框中选择"螺旋"选项。

(3)切换到"顺序和时间"选项卡,选择"动画顺序"列表框中的"文本 2",并单击该列表框右侧的"向上移动"箭头按钮,将该对象的动画顺序安排在第一位。

步骤 6　设置切换效果。

(1)单击 PowerPoint 应用程序窗口左下角的"幻灯片浏览视图"按钮,进入幻灯片浏览视图画面。首先选中第一张幻灯片,然后按下 Ctrl 键,再单击第三张幻灯片,即同时选取了这两张幻灯片。

(2)单击"幻灯片浏览"工具栏上的"幻灯片切换"按钮,打开"幻灯片切换"对话框,在"效果"选项组的下拉列表框选择"随机垂直线条"选项,然后选择"中速"单选按钮,单击"应用"按钮。

(3)在幻灯片浏览视图中选中第四张幻灯片,然后按 Shift 键,再单击第六张幻灯片,即选取了第四、第五、第六这三张连续的幻灯片。

(4)单击"幻灯片浏览"工具栏上的"幻灯片切换"按钮,在"幻灯片切换"对话框的"效果"下拉列表框中选择"盒状收缩"选项,然后选择"中速"单选按钮,单击"应用"按钮。

任务三　个人简历的打包和发布

任务描述

将前面简历的演示文稿转换为 HTML 网页文件,文件名改为"网上简历"。将网页的页标题设置为"简历",要求浏览时显示幻灯片动画。将转换之后的文件移到其他目录中,例如"D:\",并进行浏览。

对前面建立的演示文稿进行打包,要求嵌入 TrueType 字体,包含连接文件和 PowerPoint

播放器。将打包文件复制到一台没有安装 PowerPoint 的计算机上,将其展开,进行播放。

操作步骤

步骤 1　转换为网页文件。

(1)打开要在网上发布的演示文稿。单击"文件"→"另存其他格式"命令,出现一个"另存为"对话框,如图 4.43 所示。

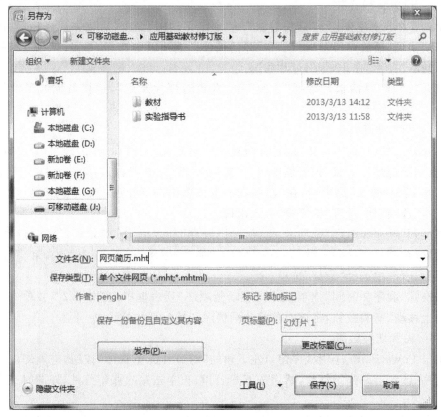

图 4.43　"另存为"对话框

(2)在"保存类型"下拉列表框中选择单个文件网页,在"文件名"下拉列表框中输入一个新的文件名"网上简历"。

(3)单击"更改标题"按钮,将网页标题改为"简历",如图 4.44 所示。

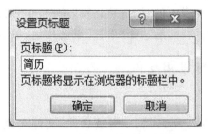

图 4.44　"设置页标题"对话框

(4)单击"发布"按钮,打开"发布为 Web 页"对话框,如图 4.45 所示。单击"Web 选项"按钮,在出现"Web 选项"对话框中,选中"浏览时显示幻灯片动画"复选框,如图 4.46 所示。单击"确定"按钮,关闭 Web 选项对话框,再单击"发布"按钮,完成网页发布。

图 4.45 "发布为 Web 页"对话框

图 4.46 "Web"选项对话框

步骤 2　打包。

(1)打开要打包的演示文稿,单击 office 按钮→"发布"→"CD 数据包"命令,出现"打包成 CD"对话框,如图 4.47 所示。

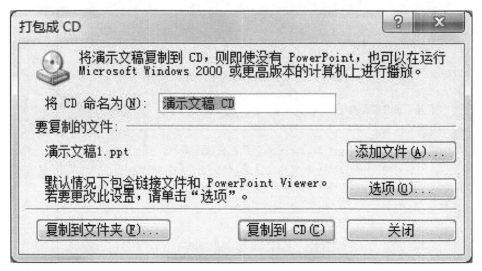

图 4.47　"打包成 CD"对话框

(2)在"打包成 CD"对话框里点击"选项"按钮,弹出"选项"对话框,将"嵌入 TrueType 字体"复选框选中,点击"确定"按钮。如果需要保护个人隐私的话,还可以加入保护密码。如图 4.48 所示。

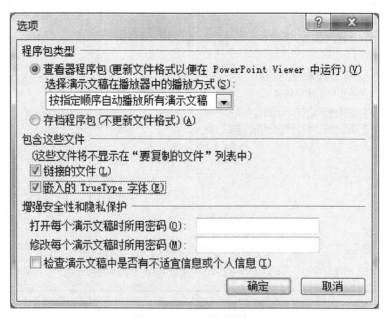

图 4.48　"选项"对话框

(3)添加完要打包的文件后,使用"D:\"作为打包数据存储路径,鼠标点击"复制到文件夹"按钮,弹出"复制到文件夹"对话框,在"文件夹名称"栏中输入"个人简历",在"位置"栏里输入"D:\",如图 4.49 所示。

图 4.49　"复制到文件夹"对话框

(4)然后在图 4.49 中点击"确定"按钮就开始打包过程,如图 4.50 所示。

图 4.50　复制打包过程

(5)将"D:\个人简历"文件夹整个复制到另外一台没有安装 PowerPoint 的计算机中,打开文件夹直接鼠标双击"play.bat"就可以自动放映刚才制作好的简历演示文稿了。

实验作业

任务描述

利用 PowerPoint 中的相册功能,创建一本相册。基本要求:

◇ 新建一张幻灯片,选择"诗情画意"的模板并设计颜色方案。

◇ 为幻灯片的标题文本添加动画效果,设置动画效果为"强调"选项中的"彩色波纹"效果。

◇ 设置幻灯片之间的切换效果为"随机"且在每个动画播放完之后,自动播放下一个动画。

◇ 在相册放映的过程中添加合适的伴奏音乐,以达到更好的声视效果。

第 5 章　Visio 电子绘图工具操作实验

实验概要

Visio 是当今最优秀的办公绘图软件之一，它将强大的功能和简单的操作完美地结合在一起。使用 Visio，可以绘制业务流程图、组织结构图、项目管理图、营销图表、办公室布局图、网络图、电子线路图、数据库模型图、工艺管道图、因果图、方向图等，因此 Visio 被广泛地应用于软件设计、办公自动化、项目管理、广告、企业管理、建筑、电子、机械、通信、科研和日常生活等众多领域。作为 Office 2007 系统中的一名重要成员，Visio 2007 的功能更加强大，应用范围也在不断扩大。

通过本章的学习，可以掌握如下绘图技能：

◇ 图形绘制的基本操作

◇ 图形模具的使用

◇ 自绘图形的编辑

◇ 组织机构图、网站架构图、平面布置图的绘制

本章共安排 3 个实验帮助读者进一步熟练掌握用 Visio 绘制常用图形，提高实际动手能力。

实验 1　Visio 2007 的基本操作

实验目的：学会利用 Visio 2007 来设计和创建基本图形。通过本章的学习能够熟练掌握用 Visio 制图的基本操作，并且能够熟练绘制常用的几类图形。

任务一　绘图页面的操作

任务描述

打开 Microsoft Visio 2007，在一个绘图文档中建立多个绘图页面，文档中的每个绘图页面用来表示不同的图形信息。完成对每个页面作出相应的页面命名，页面之间的次序调整及页面的删除等页面操作。

操作步骤

步骤 1 为一个文档建立多个绘图页面。打开 Microsoft Visio 2007 新建一个文档,默认情况下一个绘图文档只包含一个页面。单击工具栏"插入"→"新建页"选项,出现"页面设置"对话框,如图 5.1 所示。选择页属性选项,系统默认页类型为前景,名称为页-2,单击"确定"按钮,在当前窗体出现一个名称为"页-2"的页面,同样的方法建立第三个页面。

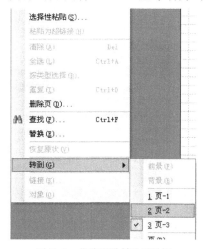

图 5.1 "页面设置"对话框

步骤 2 页面名称的修改及页面之间的操作。

(1)在页面工作表区鼠标右键单击"页-1",在弹出的快捷菜单中单击"重命名页"选项,此时"页-1"标题处于可编辑状态,输入"基本图形一"文字作为原"页-1"的新标题,同样将"页-2"的名称改为"基本图形二",如图 5.2 所示。同样的方法将"页-3"重命名为"特殊图形"。

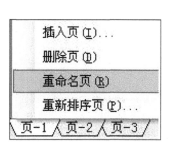

图 5.2 "快捷菜单"选项   图 5.3 "页面跳转"对话框

(2)页面之间的切换一般可通过鼠标单击所要编辑的图形页面,当页面比较多时可用鼠标单击工具栏"编辑"→"转到"来完成页面的切换,如图 5.3 所示。

（3）在页面工作表区鼠标右键单击"基本图形二"，在弹出的快捷菜单中单击"删除页"选项，完成对当前页面的删除。同样在图 5.2 所示快捷菜单中单击"插入"选项，可以新建一个页面。

（4）把"特殊图像"页面次序排列到第一位，通过在页面工作表区鼠标右键单击"特殊图像"，在弹出的快捷菜单中单击"重新排序页"选项，在弹出的"重新排序页"窗口，鼠标单击上移就可完成操作，如图 5.4 所示。

图 5.4　"重新排序页"对话框

任务二　页面格式的设定

任务描述

切换绘文档页面到"特殊图形"页面，将此页版式"打印纸"设置为 A4 格式，并设置为"横向"，"打印比例"为 100%。页面尺寸选择"调整大小以适合绘图内容"，绘图比例选择"1∶1"。

操作步骤

步骤 1　设置打印选项。鼠标左键单击页面工作表区的"特殊图形"页面，将编辑页面切换到此页。在工具栏单击"文件"→"页面设置"选项，弹出"页面设置"窗口，选择"打印设置"选项页，在列表框中选择"A4"纸张，并将页面设置为"横向"，单击"应用"按钮，如图 5.5 所示。

图 5.5　"页面设置"对话框

步骤 2　设置页面尺寸及缩放比例。在"页面设置"窗口中，鼠标右键单击"页面尺寸"选项页，鼠标单击"调整大小以适合绘图内容"单选按钮，在将页面切换到"绘图缩放比例"选项页，单击"无缩放(1∶1)"单选按钮，单击确定按钮。

任务三　将图形放置于图层

任务描述

新建一个地图类型的绘图文档，在图中加入房屋、汽车、道路三类图形元素，然后将这三类图形元素放置于三个不同的图层，图层名称分别是"build"、"car"、"rode"。

操作步骤

步骤 1　选择要建立的图形模具。打开 Visio 新建一个空白页面，用鼠标单击"文件"→"形状"→"地图和平面布置图"→"地图"→"三维方向图形状"选项，如图 5.6 所示。

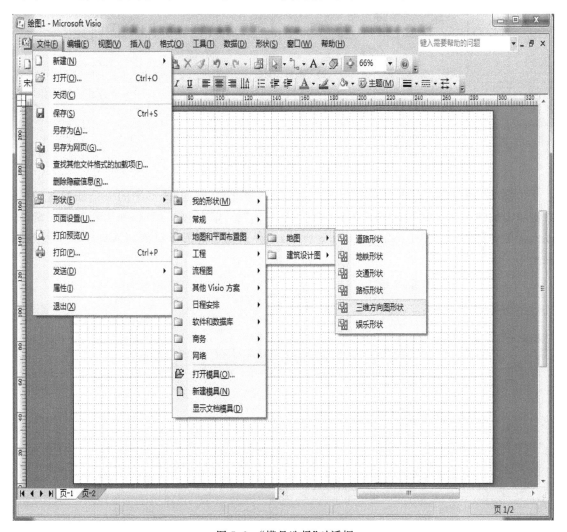

图 5.6　"模具选择"对话框

步骤 2　创建一个包含道路、汽车、建筑物的简单交通图形。在打开的三维方向图形状基本图形元素窗口里选择房屋、汽车、道路元素实例加入到绘图页面里。如图 5.7 所示。

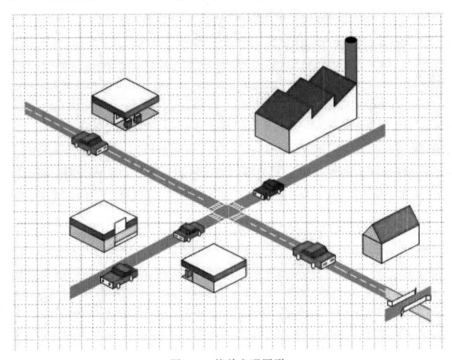

图 5.7　简单交通图形

步骤 3　建立图层。在交通图形中选中一个图形元素，例如，图形中的一个加油站，鼠标右键单击加油站图形对象，在弹出的快捷菜单里单击"格式""图层"选项，弹出新建图层窗口，输入图层名称"build"单击确定，如图 5.8 所示，这样就把当前图形对象加入到了一个新建图层里去了。

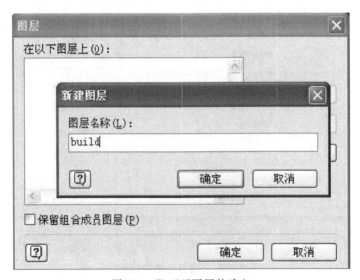

图 5.8　"build"图层的建立

步骤 4　完成三类图形对象所属图层。重复步骤 3 的方法,分别再建立名为"car"和"road"的两个图层,并将相应的图形对象加入到所属图层当中,如图 5.9 所示,至此就将不同类型图形对象放置于相应图层中。

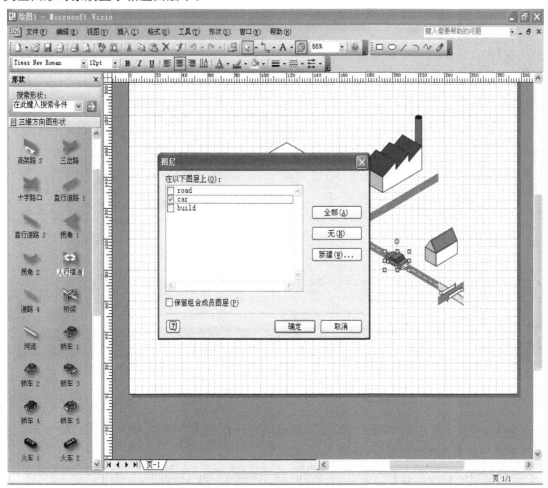

图 5.9　加入到图层

任务四　图层的应用

任务描述

将任务 2 中的简单地图"build"和"car"图层隐藏,并将道路颜色设置成红颜色。针对属于不同图层的图形对象进行多种属性的编辑操作,这样针对一些复杂的图形的绘制任务会更加简单和清晰明了。

操作步骤

步骤 1　鼠标单击 Visio 主窗体菜单栏的"视图"→"图层属性"选项,弹出"图层属性"窗体。在图层属性窗体中将"build"、"car"图层的可见属性去掉,并将"road"图层的颜色属性设置成红颜色,如图 5.10 所示。

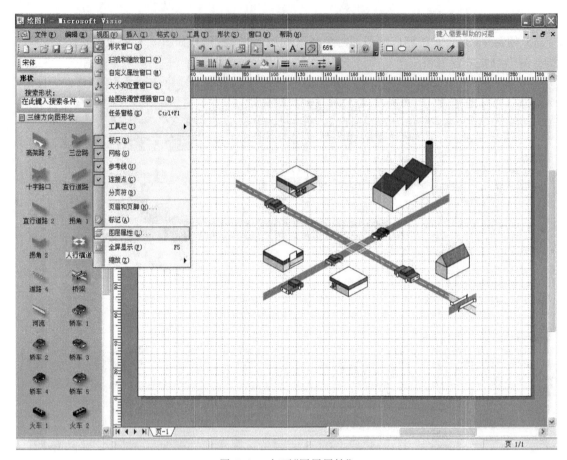

图 5.10　打开"图层属性"

步骤 2　按照要求在"图层属性"里设置完毕，点击"应用"按钮，属于"build"和"road"图层的图形对象就会被隐藏起来，如图 5.11 所示。

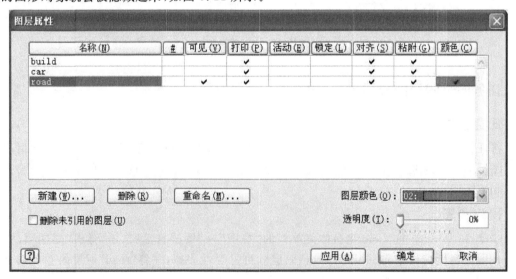

图 5.11　"图层属性"对话框

实验 2　基本图形操作和文字编辑

实验目的: 通过完成三个任务,掌握基本图中绘制中的常用操作,如图形的合并、分割,图形之间的固定和动态链接,图形中文字的建立等操作。

任务一　图形合并和图形分割

任务描述

创建一个包含有不同形状的图形,将这几个图形按照实验要求进行合并和分割。

操作步骤

步骤 1　多个图形的合并。

(1)在一个图形页面中创建两个矩形和一个圆形,基本图形的创建可以应用系统所集成的基本图形模具来实现,单击“文”“形状”“框图”“基本图形”,然后从打开的“基本图形”窗体中用鼠标进行拖拽所需的图形对象,画出任务要求的图像,如图 5.12 所示。

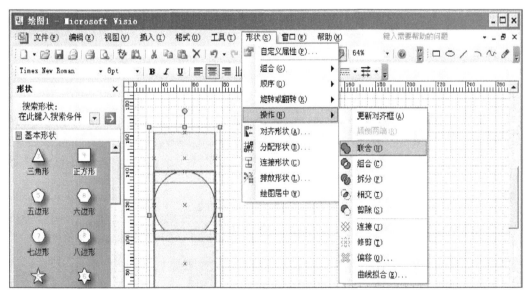

图 5.12　合并所选图形

(2)对页面中的图形进行全选操作,然后用鼠标单击 Visio 主窗体菜单栏的“形状”“操作”“联合”选项,操作结果如图 5.13 所示,这样就完成了对所选图形的合并操作。

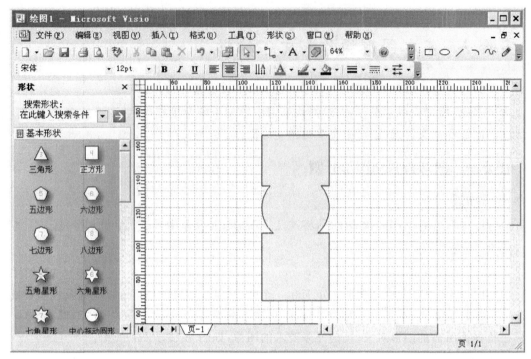

图 5.13 图形合并后

步骤 2 多个图形的分割。

(1)在一个图形页面中创建一个椭圆形,然后选取弧形工具从椭圆上一点开始做一条弧线,相交于另一点,如图 5.14 所示。

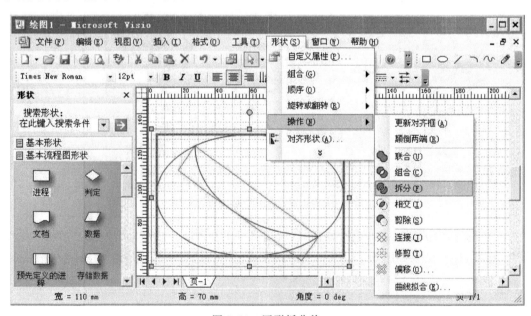

图 5.14 图形拆分前

（2）对页面中的图形进行全选操作，然后用鼠标单击 Visio 主窗体菜单栏的"形状""操作""拆分"选项，操作结果如图 5.15 所示，这样就完成了对所选图形的拆分操作。同样还可以完成对图形的组合、相交、剪除、连接等操作，使得对图形的编辑功能更加丰富。

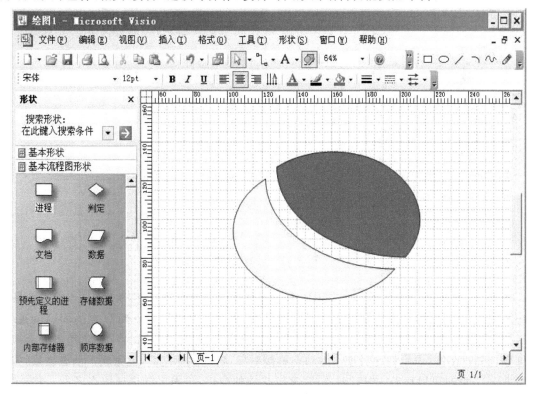

图 5.15　图形拆分后

任务二　图形的固定链接和动态链接

任务描述

创建一个绘图页面，在页面中画一个简单的程序流程图，在图中分别用固定链接和动态链接来完成流程图中对象之间的连接关系。

操作步骤

步骤 1　流程图的固定链接。在绘图页面中绘制一个简单的业务流程图，图中流程对象之间进行固定链接，从而在移动任何一个对象时，链接点不会发生变化。鼠标单击常用工具栏的"连线工具"，然后鼠标指针靠近"进程"模具对象 A 点后，A 会出现一个红颜色的小框，鼠标左键单击 A 点，按住左键不放拖拽到"判定"模具对象图 B 点，松开左键，如图 5.16 所示，就完成了固定链接的绘制。同样绘制出 C 到 D 点的固定链接。

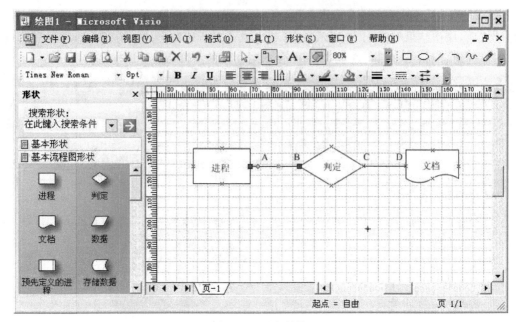

图 5.16　固定链接

　　步骤 2　流程图的动态链接。采用动态链接流程图中的对象,在移动后,其连接点会发生相应的变化,使链接线走向也随之变化。在图 5.16 那个图中删除 C 点到 D 点的固定链接线,然后使用连线工具在"判定"对象 C 点到"文档"对象连线,此时整个"文档"对象的边框会被一个红颜色的框围绕,表示将此对象作为动态链接对象,松开鼠标左键,就完成了动态链接,如图 5.17 所示。此时可以移动"文档"对象,观察链接点的变化,与固定链接有什么区别。移动"文档"后的流程图,如图 5.18 所示。

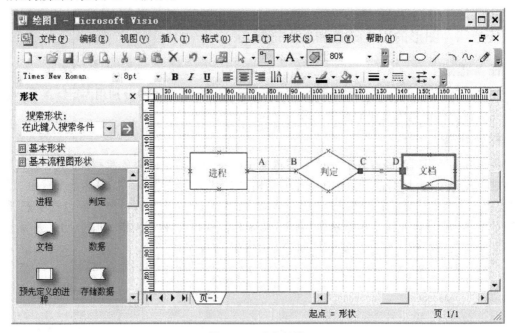

图 5.17　动态链接

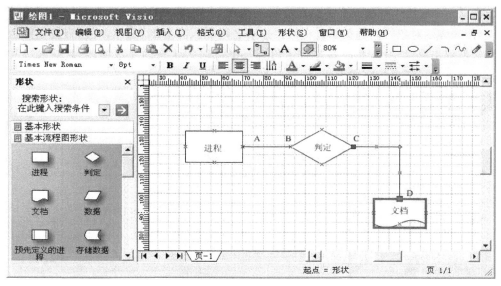

图 5.18　动态链接移动后结果

任务三　建立文字和连接线加入文字

任务描述

在绘制的图形中加入文字用来做图形对象的署名或者功能的文字描述,从而使图形更加简单明了地表示绘图者的用意,提高图形的可读性。

操作步骤

步骤 1　为图形对象命名。在绘图页面中绘制一个矩形,然后将这个矩形对象命名为“进程”。在矩形框中双击即可出现一个闪烁的输入光标,输入“进程”文字,或者在常用工具栏上单击“文本工具”列表框,选择“文本工具”,此时鼠标指针就变成“＋”形状,然后用鼠标定位输入区域进行文本输入。如图 5.19 所示。

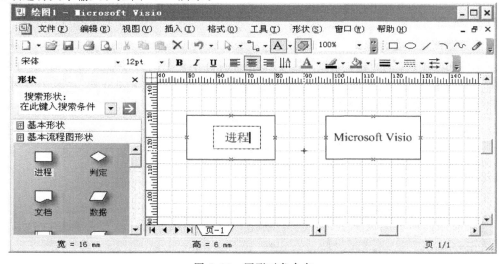

图 5.19　图形对象命名

步骤 2 在链接线中加入文字。在绘制一些流程图时需要在图中对象之间连线上给出文字说明，用来表示对象之间的关系。在对象连线之间加入"LINK"文本，可以直接在要加入文本的连线上双击鼠标左键，此时在连线上出现一个可输入状态的文本框，然后输入"LINK"，在空白区域单击一下鼠标完成输入，如图 5.20 所示。

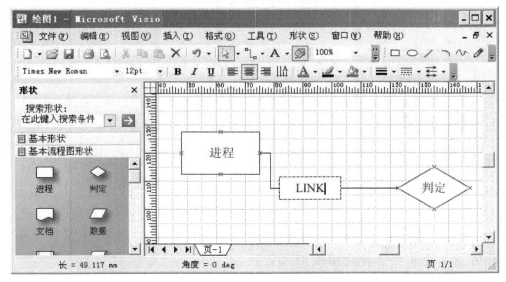

图 5.20　连接线上加文字

实验 3　综合提高

实验目的：通过以下几个常用绘图实例过程，掌握对 Visio 这个绘图工具的综合运用。

任务一　使用平面布置图设计建筑物

任务描述

平面布置图是一套建筑文档中的核心图表，经常被用作各种图表的背景图，从办公室家具布局到电气布线图，都是如此。借助 Visio Professional 中包括的许多形状和工具，使用它们，能够快速组合墙壁、门窗、楼梯、电梯等，还可以在平面布置图中加入尺寸线，任务中需要绘制完成图 5.21 所示的建筑平面图。

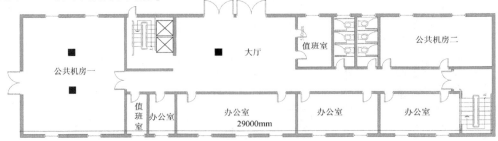

图 5.21　任务要求的建筑平面图

操作步骤

步骤 1　组装建筑物的外壳。从组装建筑物外壳开始绘制平面布置图,在创建平面布置图时,首先要将建筑物的外壳组合在一起。建筑物外壳包括内外墙、柱子以及主要结构部分(如楼梯和电梯)。

(1)启动 Visio 2007。在"选择绘图类型"窗口的"类别"下,单击"建筑设计图"。在"模板"下,单击"平面布置图"。要更改页面尺寸或绘图比例,请在"文件"菜单上,单击"页面设置"。单击"页面尺寸"选项卡可选择页面尺寸,然后单击"绘图比例"选项卡可选择绘图比例,单击"确定",接受新设置并开始创建平面布置图。如图 5.22 所示。

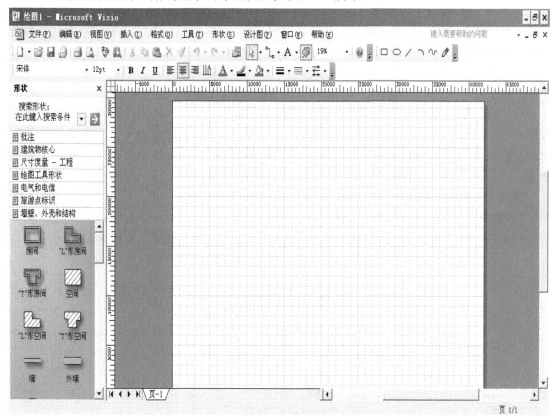

图 5.22　绘制前的准备

(2)对于每堵外墙,将一个墙壁形状从"形状"窗口中的"墙壁、外壳和结构"中拖到绘图页上。将该墙壁形状的端点拖到水平参考线和垂直参考线的交点,以将这些端点粘附到参考线并连接墙壁。

(3)从"墙壁、外壳和结构"或从"建筑物核心"中添加柱子或其他结构形状。

(4)通过将墙壁形状拖到绘图页上来放置内墙和隔间墙壁。将一堵墙壁的端点拖到另一个墙壁上,可以连接并粘附这两堵墙壁。

步骤 2　创建内部空间。绘制平面布置图的下一步是使用空间形状创建内部空间并布置建筑,你能够轻而易举地将这些空间形状转换成由完全计算好尺寸的墙壁划分出的房间。然后,可以根据需要继续创建平面布置图的其他细节。

(1)从"墙壁、外壳和结构"中,将空间形状拖到绘图页上。要创建非矩形的空间,可放置若干个空间形状来表示该房间。选取所有的形状,右击它们,然后单击快捷菜单上的"联合"、"剪除"或"相交",以合并这些形状。

(2)要调整空间形状的大小,可拖动形状的角部。形状会进行相应的更新以显示其新的尺寸。

(3)放置其他形状来表示平面布置图中的所有房间和公共区域。

(4)在"转换为墙壁"对话框的"设置"下,选择"添加尺寸"和"添加参考线",以便在创建墙壁后仍可以方便地挪动它们的位置。

步骤 3 添加门、窗户和楼梯。向平面布置图添加门、窗户和其他开口形状与创建建筑物外壳一样简单。当将门形状或窗户形状拖到墙壁上后,门或窗户会自动与墙壁对齐并粘附到其上。门和窗户还会继承该墙壁的厚度。

(1)从"墙壁、外壳和结构"中,将门、窗户或开口形状拖到墙壁上。形状会与该墙壁对齐并粘附在其上。

(2)要挪动门或窗户,只需沿墙壁拖动它。更改墙壁、门和窗户的外观对于具体的建筑图表,可以更改某一墙壁、门、窗户、空间的默认外观,也可以更改绘图页上所有墙壁、门、窗户、空间的默认外观。例如,可以隐藏门楣或门框部分,或者以单线条而不是双线条来显示墙壁。

步骤 4 为墙壁添加尺寸线。

(1)选择要为其添加尺寸线的墙壁。

(2)右击所选墙壁之一,然后在快捷菜单上单击"添加一条尺寸线",如图 5.23 所示。

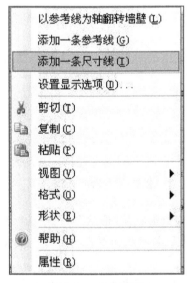

图 5.23 快捷菜单

步骤 5 测量房间的面积和周长。

(1)选取构成周长的各墙壁形状。

(2)在"工具"菜单上,依次指向"加载项"、"其他 Visio 方案",然后单击"形状面积和周长",如图 5.24 所示。

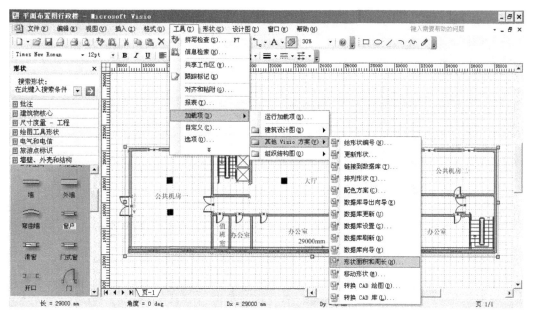

图 5.24　计算周长

任务二　组织结构表

任务描述

组织结构图显示的是一个公司的各个部门和隶属关系。利用组织结构图,一眼就能弄清楚公司的雇员和隶属结构,如图 5.25 所示。

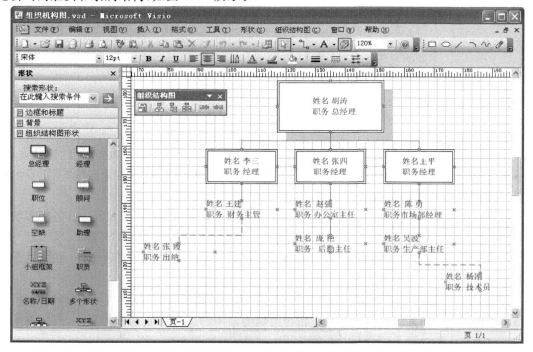

图 5.25　组织机构图

操作步骤

(1)启动 Visio。在"模板类别"窗口的"商务"下,单击选中"组织结构图"图标,单击右侧的"创建"按钮,如图 5.26 所示。

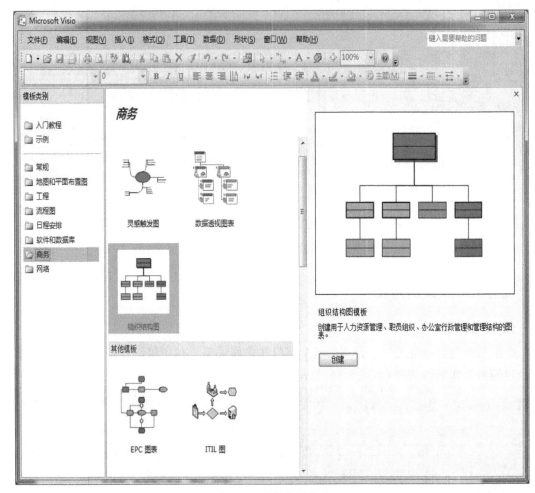

图 5.26 选择绘图类型

(2)从"组织结构图形状"窗体中,将"总经理"形状拖到绘图页上。随即出现"连接形状"对话框,并动态演示放置和连接形状的过程。如果希望该演示不再出现,请选取"不再显示此消息"复选框并单击"确定"按钮。

(3)将"经理"形状直接拖到"总经理"形状上。Visio 会将"经理"形状放在"总经理"形状下方,并在它们之间添加一条连接线建立隶属关系。重复这个过程添加更多经理。

(4)要在经理及其下属间建立关系,请将"职员"形状直接拖到"经理"形状上。重复这个过程添加更多职员。

(5)要在两个职位间建立第二个隶属关系,从"组织结构形状"模板窗口里将"虚线报告"形状拖到绘图页上。将连接线的一个端点拖到隶属关系中的一个形状的连接点上,然后将另一个端点拖到另一个形状上,如图 5.27 所示。

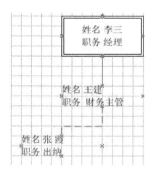

图 5.27　"虚线报告"建立隶属关系

（6）要用雇员的姓名和职位替换默认的形状文本，请在双击形状后，键入姓名并按 Enter 键，然后再键入职位。

任务三　网络规划图制作

任务描述

用 Visio 绘图工具创建计算机逻辑网络规划图，网络规划图如图 5.28 所示。

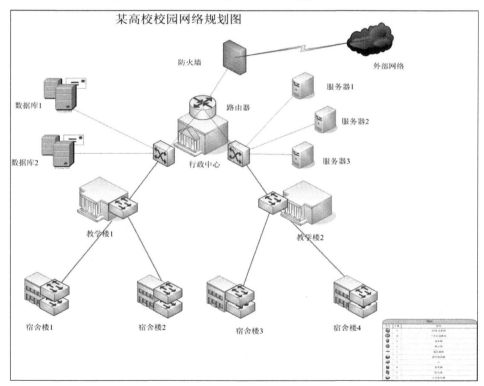

图 5.28　网络规划图

操作步骤

步骤 1　创建网络中的建筑物。

（1）启动 Visio 2007。新建一个绘图页面，将页面设置为"横向"；鼠标单击菜单栏"文件"

→"形状"→"网络"→"网络位置"选项,打开"网络位置"图形模具对象窗体。同样将"网络符号"和"网络和外设"图形模具窗体打开,如图 5.29 所示。

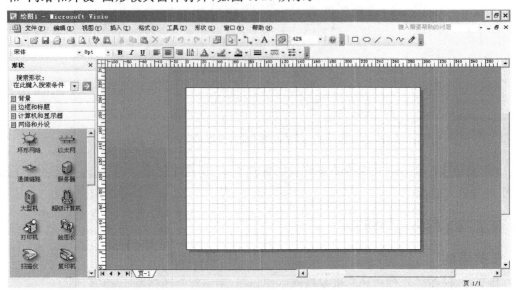

图 5.29　绘制前的准备

　　(2)从"网络位置"窗口的模具中拖拽网络中要用到的建筑物到绘图页面上,将各个建筑物图形对象调整合适大小,通过复制的方式创建更多的建筑物,将各个建筑物按照要求合理地部署在页面上,并进行命名,如图 5.30 所示。

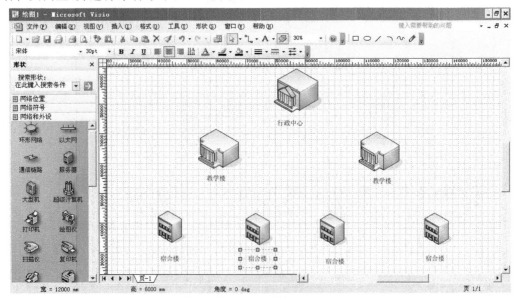

图 5.30　部署建筑物

　　步骤 2　创建及部署网络元素。
　　(1)从"网络符号"模具窗体将路由器、交换机、防火墙、服务器、工作站等网络模具图形对象拖到绘图页上,并将它们放置于相应的建筑物上面或周围,如图 5.31 所示。

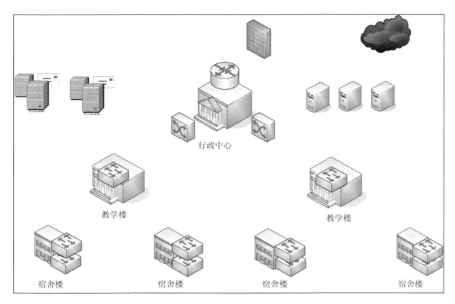

图 5.31　部署网络元素

（2）调整设备的大小和布放位置，并给主要设备进行命名。

步骤 3　用传输介质连接页面中的网络元素。

（1）打开"网络和外设"模具窗体，首先将防火墙和外部互联网络用"通信链路"模具对象连接。再将防火墙和路由器、路由器和交换机、交换机和交换机、交换机和服务器等用"线条工具"进行连接。

（2）将所有的网络元素连接起来，然后对连接的线路进行属性定义。传输设备之间通过千兆光缆连接，并将线条加粗，颜色定义为红色，再加上文字说明，如图 5.32 所示。

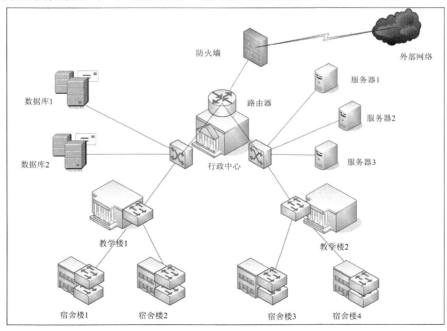

图 5.32　规划连线

（3）最后给图加上图名"某学校校园网络规划图"，然后从"网络和外设"中选择"图例"拖到绘图页面的右下角，调整好图例大小，系统会自动统计并说明图中的图例，如图 5.33 所示。

图例		
符号	计数	说明
	2	ATM 交换机
	10	工作组交换机
	3	服务器
	1	路由器
	1	通信链路
	1	政府建筑物
	1	云
	4	建筑物
	1	防火墙
	2	大学建筑物

图 5.33　图例汇总

实验作业

任务描述

利用 Visio 设计平面布置图的功能，设计一个平面的家庭装饰布局图。基本要求：

◇ 新建一张设计图纸，选择恰当的比例尺及页面设置。

◇ 根据需要设计的家庭装饰布局，添加系统及自建的样式模型，如墙壁、门窗、地板、马桶、柜子、桌子、床、家电等基本模型。

◇ 添加图名、图示及说明性文字。

第 6 章　计算机网络及应用基础实验

实验概要

　　计算机互联网络的出现使得当今社会信息传递的速度达到了一个新的高度。因特网是一个全球性的计算机网络,互联网用户本身作为信息的消费者,同时也是信息的提供者,使得信息的增长和传递速度空前。因特网把人们带入了一个完全信息化的时代,同时也在改变着人们的生活和生产方式。因特网提供了种类繁多的信息服务方式,比如常见的电子邮件、门户网站、主题论坛、即时在线交流、文件传输、搜索引擎等。本章选取了网站服务的使用、信息的检索、电子邮件和一些实际使用技巧作为典型的实验内容。

　　通过本章的学习,读者可以掌握如下操作技能:

◇ IE 浏览器的正确使用和配置

◇ 搜索引擎的基本使用方法

◇ 电子邮件收发和配置

◇ 网络实用技巧

本章共安排了 4 个实验来帮助读者进一步提高因特网使用的实际能力。

实验 1　浏览器介绍和使用

　　实验目的:学会 IE 浏览器使用的基本方法,掌握 IE 浏览器中"地址栏"的使用、新窗口的创建及相互切换的方法。掌握"收藏夹"的正确使用方法及网页中文字及多媒体信息的保存方法。熟悉 IE 中"Internet 选项"对话框中常用选项及参数的含义,并学会具体的选项和参数的设置方法。

任务一　IE 浏览器的基本使用

任务描述

　　打开 Windows 7 系统内自带的 IE(Internet Explorer 9)浏览器,浏览西安交通大学的门户网站(地址:http://www.xjtu.edu.cn),在新窗口中打开图书馆的主页面。再打开"中国教育与科研网",进入"香港大学"网站进行浏览。

操作步骤

步骤 1　启动 IE 浏览器。

(1)单击桌面左下角"开始"按钮,再单击"程序""Internet Explorer"选项,或双击桌面上的 Internet Explorer 图标,运行 IE 浏览器程序。

(2)IE 浏览器出现默认的主页信息,如图 6.1 所示,显示已经设置的默认主页(西安交通大学主页)。

图 6.1　"西安交通大学"主页

步骤 2　网址的输入。

(1)在浏览器窗口中的"地址"栏中输入网址 http://www.xjtucc.cn ,按住 Enter 键,观察右上角 IE 标志,IE 标志在转动表示正在获取"西安交通大学城市学院"主页信息。

(2)当 IE 标志停止转动时,浏览器窗口出现"西安交通大学城市学院"主页,如图 6.2 所示。

图 6.2　"西安交大城市学院"主页

步骤 3 新窗口中打开超级链接。

（1）将鼠标指针指向导航栏"图书档案"的超级链接单击，或当鼠标指针形状变为手型时右击，在弹出的快捷菜单中单击"在新窗口中打开"选项。

（2）出现一个新的浏览器窗口，如图 6.3 所示。

图 6.3 "西安交大城市学院图书馆"主页

任务二 网页信息的收藏和保存

任务描述

在"收藏夹"中新建一个文件夹"中国教育和科研"，并将"中国教育和科研计算机网"首页内容添加到该文件夹中。保存图文并茂的"香港大学"主页内容于"我的文档\MyWebs"文件夹中，取名为"香港大学.htm"。并要求单独保存"香港大学"主页中页首的图片，存放在"我的文档\My Pictures"文件夹中，取名为"香港大学.jpg"。

操作步骤

步骤 1 网页的收藏。

（1）打开 IE 浏览器，在地址栏中输入 www.edu.cn，回车后便打开了"中国教育和科研计算机网"的主页，如图 6.4 所示。

图 6.4　"中国教育和科研计算机网"主页

　　(2)单击"收藏"命令,弹出"添加到收藏夹"对话框,"名称"文本框中已显示该主页的名称,如图 6.5 所示。

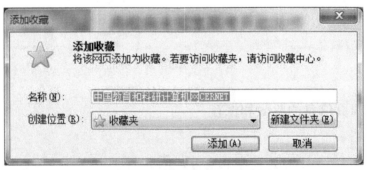

图 6.5　"添加到收藏夹"对话框

　　(3)单击"新建文件夹"按钮,出现"新建文件夹"对话框,如图 6.6 所示。在"文件夹名"文本框中输入"中国教育和科研",单击"创建"按钮,在新建的文件夹中,就收藏了当前主页的信息,如图 6.7 所示。

图 6.6　"建立文件夹"对话框

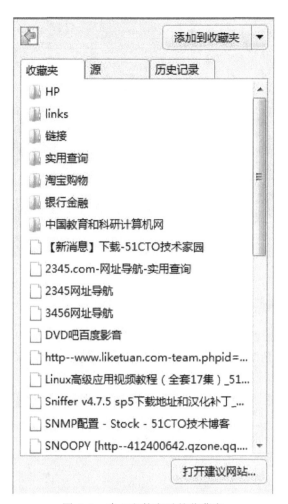

图 6.7　建立文件夹后的收藏夹

步骤 2　网页的保存。

(1)单击"中国教育和科研计算机网"主页上的"教育资源"超级链接,然后在打开的页面上单击"中国大学"超级链接,在打开的页面上单击"香港城市大学"就进入到了香港城市大学的主页,如图 6.8 所示。

图 6.8　"香港城市大学"主页

（2）单击窗口右上角的"工具"→"文件"→"另存为"命令，弹出"保存 Web 页"对话框，如图 6.9 所示。

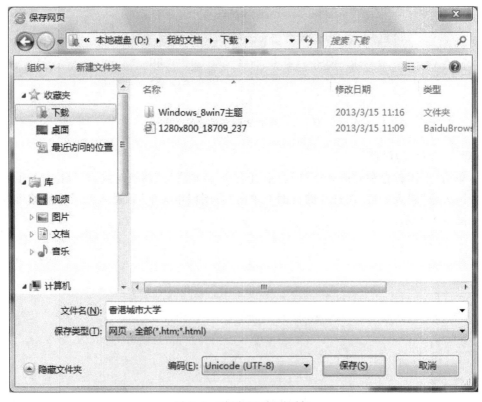

图 6.9　"保存网页"对话框

（3）在"收藏夹"下拉列表框中，选择"我的文档\My Webs"文件夹。在"文件名"下拉列表框中输入"香港城市大学"。在"保存类型"下拉列表框中选择"网页，全部"选项。单击"保存"按钮，可以将网页中的文字和图像都保存起来。

步骤 3　图片的保存。

（1）移动鼠标指针到图片区域，右击，弹出图 6.10 所示快捷菜单，单击"图片另存为"命令。

图 6.10　"图片另存为"快捷菜单

（2）出现与图 6.9 类似的"保存图片"对话框。在该对话框中，在"保存在"下拉列表框中，选择"我的文档\My Pictures"文件夹。在"文件名"文本框中输入"香港城市大学"。在"保存类型"下拉列表框中选择 JPEG（＊.jpg）选项。单击"保存"按钮，可以将网页中选中的图像保存起来。

任务三　IE 浏览器使用设置

任务描述

设置 IE 中默认主页的地址为"http：//www.baidu.com"，删除 Internet 临时文件，设置网页保存的天数为 5 天，并设置浏览网页时不播放声音，不播放视频。

操作步骤

步骤 1　主页地址设置。

（1）启动 IE 浏览器，单击"工具"按钮→"Internet 选项"命令，弹出"Internet 选项"对话框，选择"常规"选项卡，如图 6.11 所示。

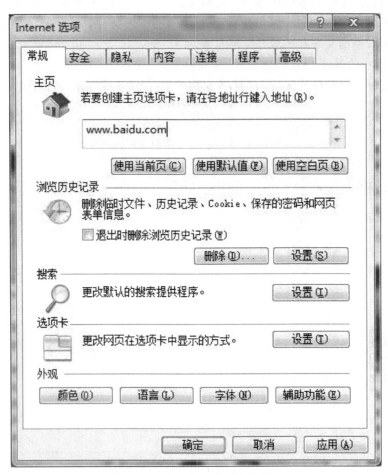

图 6.11　"Internet 选项"对话框

　　(2)在"地址"栏里输入 www. baidu. com ,点击确定按钮,这样每次打开 IE 浏览器将会加载"百度"的主页在浏览器页面里。

　　步骤 2　临时文件和历史记录设置。

　　(1)再次打开"Internet 选项"窗体,在"Internet 临时文件"选项组中,单击"删除文件"按钮,删除以前浏览网页时保存的临时信息,释放相应的硬盘空间。

　　(2)在"历史记录"选项组的"网页保存在历史记录中的天数"微调框中输入数字"5",表示浏览过的网页在临时文件夹中保留 5 天。

　　步骤 3　IE 中声音和视频的播放设置。

　　(1)在"Internet 属性"对话框中。选择"高级"选项卡,在"设置"列表框里已按功能分类列出了很多选项,如图 6.12 所示。

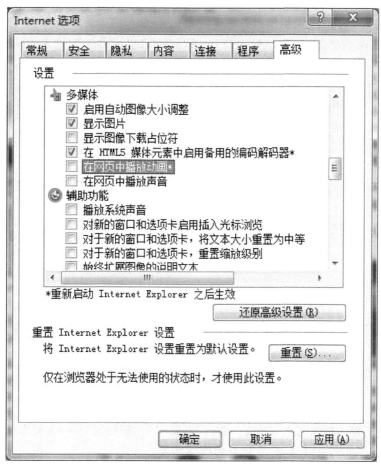

图 6.12　"高级选项"对话框

　　(2)对"设置"列表框中的"多媒体"部分进行设置,取消选中"播放声音"和"播放视频"。在"设置"列表框中,还可以根据需要,对浏览器的其他功能选项进行设置。完成以上步骤操作后,单击"确定"按钮,完成所有设置。

实验 2　信息的检索

　　实验目的:通过 Baidu 搜索引擎的使用,学会按关键字或按专题分类检索信息。

任务一　以信息关键字检索

任务描述

　　进入中文"Baidu"搜索引擎网站(地址为"http://www.baidu.com"),要检索既含西安"又含有"地图"的网页信息。并进一步在检索结果中搜索含有"莲湖区"的网页信息。

操作步骤

步骤 1　进入 Baidu 搜索引擎网站。

(1)启动 IE 浏览器,地址栏中输入"http://www.baidu.com",进入 Baidu 中文主页,如图 6.13 所示。

图 6.13　"百度"主页

(2)在关键字输入框输入关键字后,单击"百度一下"按钮时,Baidu 搜索引擎将搜索指定范围内包含关键字的网页信息,并罗列显示搜索结果。

(3)单击"手写设置",在弹出的书写操作框里可以用鼠标书写一些不能用常规方法输入的信息。

步骤 2　多关键字的搜索。

(1)在图 6.13 所示的关键字输入框中输入"西安"和"地图",中间用空格隔开(表示搜索既含有"西安"而且含有"地图"的网页信息),然后单击"百度一下"按钮。

(2)出现图 6.14 所示的搜索结果,每条搜索结果由条目标题、内容摘要、URL 网址组成,其中条目标题是一个超链接,指向相应的网页,内容摘要显示网页的部分内容,URL 表示网页的相应位置。

图 6.14　搜索后结果页面

步骤 3　在搜索结果中进一步查找。将滚动条移到页面底部,出现图 6.15 所示"在结果中搜索"网页界面,在关键字输入框中输入"莲湖区",单击"在结果找"超链接,可以得到进一步搜索的结果。

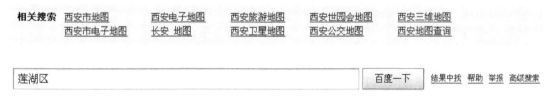

图 6.15　结果页面底部

任务二　以信息所属专题检索

任务描述

进入 hao123 网页导航网站,请按专题分类检索到"航班查询"网站,并获取其准确的相关航班信息。

操作步骤

步骤 1　进入"hao123 生活服务"网页导航页面。

(1)启动 IE 浏览器,地址栏中输入"http://www.hao123.com",进入"hao123"主页面

后，如图 6.16 所示。

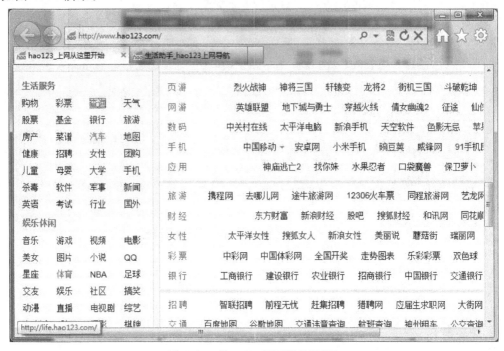

图 6.16　"hao123 网页导航"页面

(2)在"生活服务"专栏里单击"查询"超链接，进入"hao123 生活助手"页面，如图 6.17 所示。

图 6.17　"hao123 生活助手"对话框

步骤 2　根据专题分类逐层查找信息。

(1)在"交通出行"板块，可以看到已将要搜索的按出行方式分为多个类别超链接，点击"飞机票查询"超链接,打开如图 6.18 所示的页面。

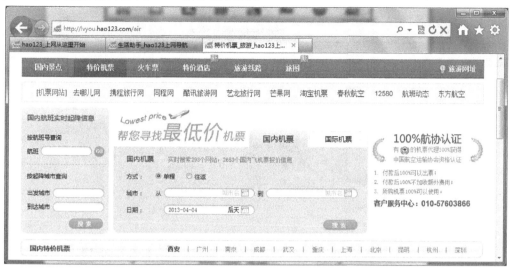

图 6.18　"机票查询"页面

(2)此时在出发城市一栏里输入"北京",目的城市一栏里输入"上海",在进行选择航班类型及出发时间,再点击"查询"按钮,便可得到所需的航班信息。

步骤 3　信息的保存。

将查询到的信息可以通过保存当前网页或者复制相关文字信息到记事本进行保存,而后还可以进行打印输出。

实验 3　邮件收发

实验目的:学会上网申请免费邮箱,掌握以 Web 方式收发邮件的方法。掌握 Outlook Express 中电子邮件账号的设置,以及 Outlook Express 发送与接收电子邮件的方法。熟悉 Outlook Express 通讯簿的使用,以及 Outlook Express 常见选项的设置。

任务一　以 Web 方式收发邮件的方法

任务描述

通过"http://mail.126.com"为自己申请一个免费电子邮箱,并记录接收、发送邮件服务器的域名。登录免费邮箱,发送一封电子邮件给自己的同学或好友,告诉对方你的邮箱地址,并附上自己的照片(可以用一幅图片代替)。

操作步骤

步骤 1　申请免费电子邮箱。

(1)运行 IE 浏览器,在"地址"栏中输入网站地址"http://mail.126.com",按 Enter 键,进入"126 免费邮箱"主页,如图 6.19 所示。

图 6.19 "126 免费邮箱"主页

(2)要获得免费邮箱,必须先注册。在图 6.19 窗体右下角单击"立即注册"按钮,开始进行电子邮箱的申请注册操作。根据规定的步骤,输入用户名和密码等,比如,注册的用户名"csxybthp",密码为"123456",则申请到的免费邮箱的地址就为"csxybthp@126.com"。完成注册,也就获得了免费信箱的使用权。

(3)根据帮助信息,可记录申请到的邮箱的 SMTP 发信服务器为 smtp.126.com,pop3 收信服务器为 pop3.126.com,为任务二做好准备。

步骤 2　免费邮箱的登录。

(1)进入邮箱登录界面,在"用户名"文本框中输入"csxybthp",在密码框中输入邮箱密码"123456"。单击"登录邮箱"按钮,进入免费邮箱。

(2)进入邮箱管理界面,如图 6.20 所示,单击"写信"超链接可以撰写新邮件,并可以发送邮件,单击"收信"超链接可以阅读新接收到的邮件。

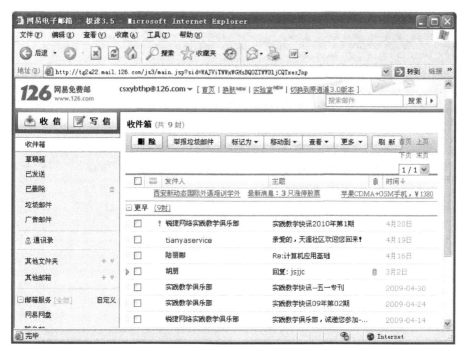

图 6.20　"126 用户邮箱管理"主页面

步骤 3　以 Web 方式撰写邮件。

(1)单击"写信"超链接,进入图 6.21 所示的窗口。在"收件人"文本框中输入收件人的邮箱地址,如"happylife@xjtucc.cn","主题"文本框中可以写上邮件的内容主题"节日快乐!"。如果还想把邮件发送给其他人,可以单击"收件人"文本框下方的"添加抄送"超链接,在添加的"抄送"文本框中输入多个邮箱地址,每个地址之间用半角分号隔开。

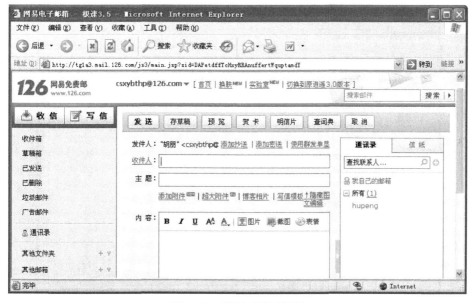

图 6.21　"新邮件"对话框

（2）在正文框中输入邮件的具体内容，如图 6.22 所示。

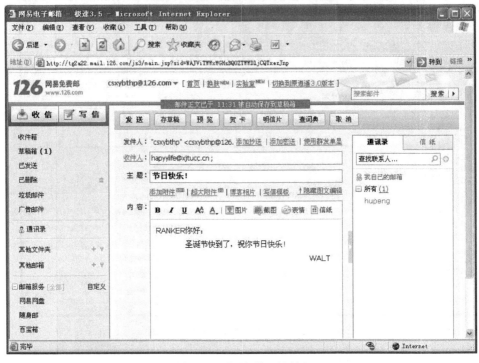

图 6.22　"写邮件"对话框

步骤 4　添加电子邮件附件。

（1）在图 6.22 中，单击"主题"文本框下方的"添加附件"超链接，弹出"选择文件"对话框，如图 6.23 所示。

图 6.23　"添加附件"对话框

　　(2)从中找到作为附件的文件,如“D:\贺卡.ppt”。然后单击“打开”按钮,此时,附加的文件已列在“添加附件”超链接下方的附件栏中,如图 6.24 所示。

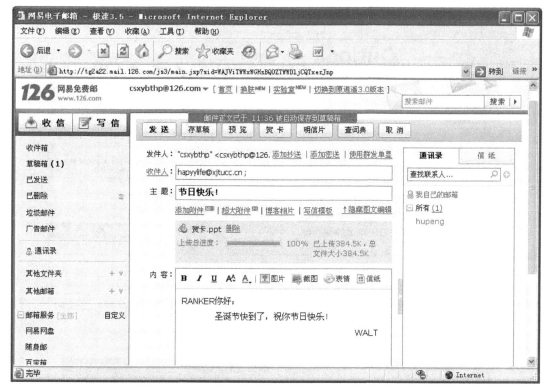

图 6.24　完成添加附件后页面

　　(3)重复步骤(1)、(2)可以添加多个附件文件,也可以删除添加错误的附件。

　　(4)当完成多个附件文件的添加后,可以单击正文框下方的“发送”按钮,邮件将被发送出去。

任务二　Outlook Express 邮件的收发

任务描述

　　启动 Outlook Express,添加一个已申请好的邮件账号,设置为默认账号。通过 Outlook Express 向同学或好友发一封电子邮件,将新申请的邮箱地址告诉对方,并附上你的贺卡图片(可以用一幅图片代替)。在 Outlook Express 中接收邮件,检查收件箱中有无新邮件。

操作步骤

　　步骤 1　Outlook Express 启动和账号的设置。

　　(1)单击“开始”按钮右侧“快速启动”工具栏 Outlook Express 图标,运行 Outlook Express 程序,如图 6.25 所示。

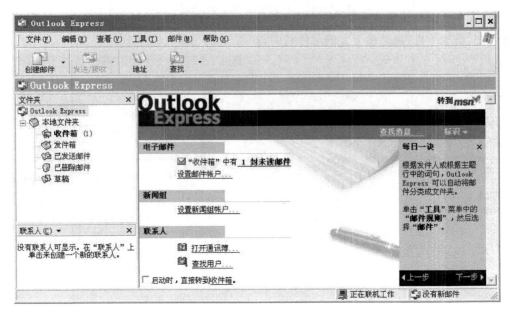

图 6.25　"Outlook Express"程序窗体

　　（2）单击 Outlook Express 菜单栏的"工具"→"帐户"命令,弹出"Internet 连接向导"对话框:如图 6.26 所示。

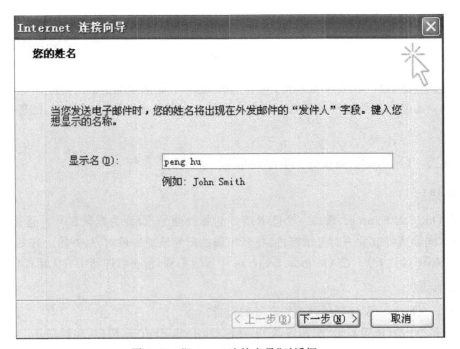

图 6.26　"Internet 连接向导"对话框一

　　（3）在弹出"Internet 连接向导"对话框中"显示名"一栏里输入"csxybthp",单击"下一步"按钮,出现如图 6.27 所示的"Internet 电子邮件地址"页。输入任务一中申请的免费电子邮箱的地址“csxybthp@126.com”,再单击“下一步”按钮。

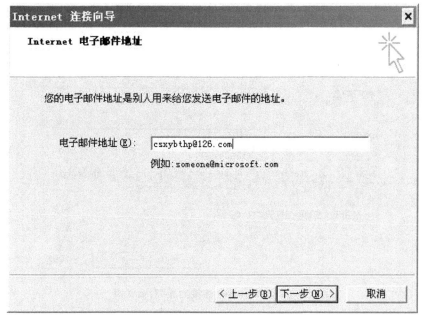

图 6.27　“Internet 连接向导”对话框二

(4)出现图 6.28 所示的“电子邮件服务器名”对话框,设置邮件接收服务器为“pop3.126. com”,设置邮件发送服务器为“smtp.126.com”。单击“下一步”按钮,弹出图 6.29 所示的“Internet Mail 登录”页。输入账户名为“csxybthp”,密码为“123456”,再单击“下一步”按钮。

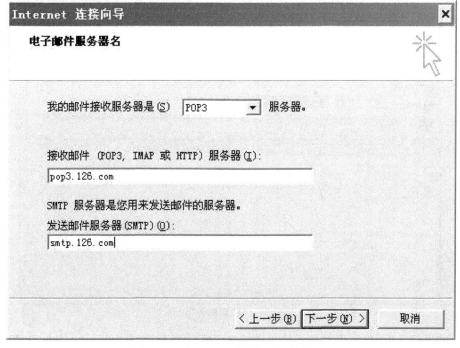

图 6.28　“Internet 连接向导”对话框三

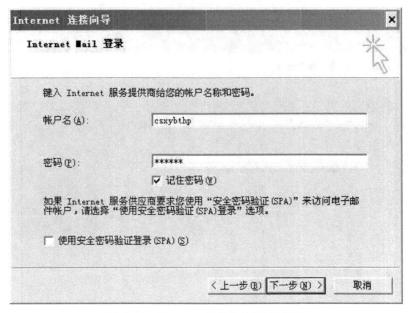

图 6.29 "Internet 连接向导"对话框四

(5)出现"Internet 账户"对话框,选中刚才添加的账户,单击右面"设为默认值"按钮,这样刚添加的账号就被设为默认账号,Outlook Express 在收发邮件时是以默认账号的身份进行的。

步骤 2 邮件的发送。

(1)在 Outlook Express 界面中的工具栏中,单击"新邮件按钮,或单击"文件""新建""邮件"命令,弹出新邮件输入窗口,如图 6.30 所示。

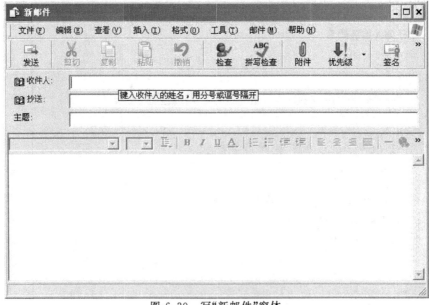

图 6.30 写"新邮件"窗体

(2)在"发件人"下拉列表框中系统自动填入了默认账号,在"收件人"文本框中填入对方的邮件地址,假设对方的邮件地址为"happylife@126.com",将其输入到"收件人"文本框中;在

"主题"文本框中可以输入这封邮件的主题词,如发送者想将这封邮件同时发送给其他人,可以在"抄送"文本框中输入其他一些人的邮件地址,每个地址之间用半角分号隔开。

(3)在编辑区中完成邮件正文内容的编辑输入。

(4)单击图 6.30 中"附件"按钮,弹出如图 6.31 所示的"插入附件"对话框。在"查找范围"下拉列表框中确定附件所在的文件夹,并选中相应的文件。单击"附件"按钮,完成附件的添加,附件将和邮件正文一起发送出去。

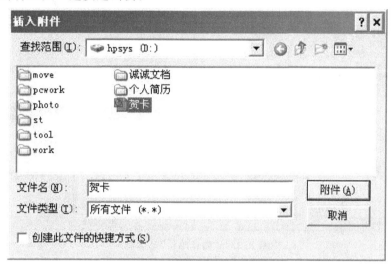

图 6.31　"插入附件"对话框

(5)回到图 6.30 所示的新邮件输入窗口,单击"发送"按钮,邮件被送进发件箱中等待发送出去。再次回到 Outlook Express 主界面,这时邮件还未发送出去。单击"发送/接收"按钮,系统弹出一个 Outlook Express 对话框,开始发送邮件。

步骤 3　邮件的接收。

(1)如图 6.32 所示,在 Outlook Express 主界面中,单击工具栏中的"发送/接收"按钮右侧的下拉按钮,选择"接收全部邮件"命令,Outlook Express 开始接收已经设置的所有邮箱的邮件。

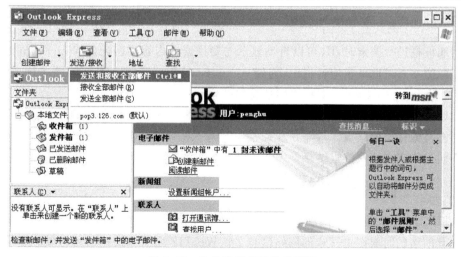

图 6.32　收发送所有邮件对话框

（2）再单击"收件箱"项，Outlook Express 主界面右侧列表显示接收到的邮件，然后，双击列出的邮件，可以阅读相应的邮件内容，如图 6.33 所示。

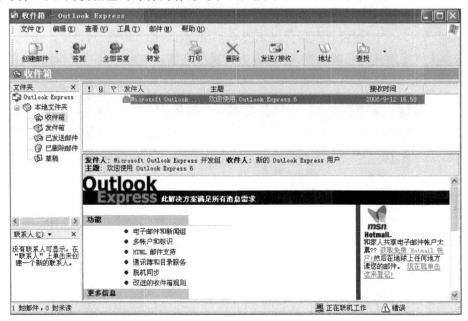

图 6.33　"阅读邮件"对话框

（3）如果邮件有附件的话可以直接鼠标右键选中附加的文件，弹出快捷菜单，单击"另存为"命令，可以保存附件。

实验 4　实用技巧

▶ 技巧一　用 go 命令快速搜索

利用地址栏进行搜索时，IE 可以自动显示与要搜索的内容最匹配的 Web 页，同时还将列出其他相似的站点。地址在地址栏中，先键入 go、find 或 ?，再键入要搜索的单词或短语，按 Enter 键之后 Internet Explorer 将使用预置的搜索提供商开始搜索。

从地址栏中搜索时，Internet Explorer 可以自动显示与要搜索的内容最匹配的 Web 页，同时还列出其他相似的站点。只需在地址栏中键入一些普通的名称或单词，然后单击"转到"。可以按不同方式查看这些搜索结果。

▶ 技巧二　如何实现离线浏览

WebZIP 是一个高效能的离线浏览软件，可以将所喜爱的网站整个搬回到硬盘中，这样就可以在没有网络的时候浏览喜欢的网站信息了。WebZIP 之所以快速的秘密就在于它一次可以同时下载多个文件，还可以边压缩边下载，这样的下载方式不仅充分地使用到网路连线频宽,再加上下载的同时并没有同步显示在浏览器中,所以自然速度就快起来了。

下面就详细地介绍一下它的基本使用方法。

1. WebZIP 初级使用

WebZIP 软件的安装是傻瓜化的过程,在这里不在讲述。对于大多数用户来说,一般只需要使用一些最基本、最常用的功能,只要可以把网站拉回来就可以了。以下载一个网站为例。

(1)设定下载站点

WebZIP 的主界面如图 6.34 所示。在下载网站之前我们要先设定下载的目标站点。我们有多种方式建立任务,最方便的就是在 WebZIP 的快捷工具栏中点击"New Task",在正文框中会显示出下载任务列表,这时只要在"Download URLs"栏中填写要下载的站点,比如我们想下载"http://www.xjtucc.cn"。

图 6.34　"WebZIP"软件主窗体

(2)具体设置

填好目标网站后,点击"Task Properties"将会出现下载任务设置对话框,如图 6.35 所示。在 Project Name 中为即将进行的下载任务取个名字,比如说:"csxy"。选择"设置项目"列表栏中的"Download Method"项目,选择下载网站的类型,可以通过"Profile"下拉菜单选择要下载文件的类型。

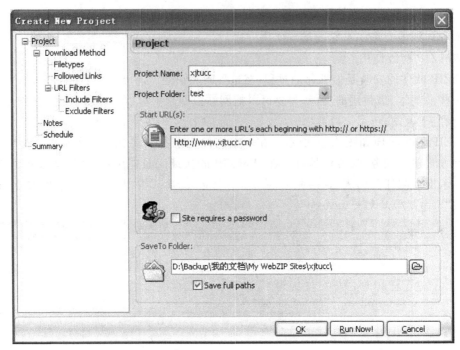

图 6.35　设置下载新项目

　　WebZIP 会让你设定下载的文件类型。默认项是所有文件。如果你认为 WinZIP 所列的文件类型不全，还可单击 Add 功能键来添加；Followed Links（设置链接限制）可以选择WebZIP下载网页内容时限定的最大层次，以及在网站和目录中要限制的连接。如图 6.36 所示。

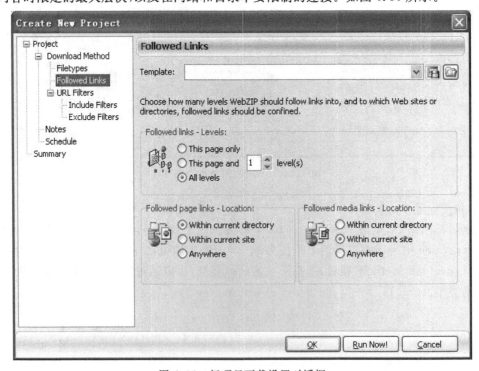

图 6.36　新项目下载设置对话框

URL Filters(链接过滤)可以对网址按关键字设定,上面一栏是设定下载的连接必须包含某些关键字,点 ADD(添加)出现菜单,依次询问是对哪种连接作限制,选项有所有连接、网页连接、源件连接。下面一栏则是要求下载的页面不能包含哪些内容,要求与左栏一样。现在我们单击 ADD,为所有连接输入 ASP,则只下载包含"asp"三个字符的连接。这对我们进行有目的的下载很有帮助。

(3)下载

全部设定完毕,现在就可以开始下载了。方法是按下任务栏中的"Run Task "按钮,任务就开始运行了。如果你觉得速度不满意,只需在任务栏中将叉改成箭头或单击 Stop 即可,因为 WebZIP 支持"断点续传",所以这次没下载完的下次还可以继续。

在中间一栏中可以看到当前建立的连接,默认是同时连接 10 个文件进行下载,可以通过 Connections 滑标进行调整。靠右的"Download Priority"滑标是选择倾向于优先下载网页还是倾向于优先下载其它文件资源。在左下方的状态栏中,显示了总共连接的时间、已经下载的文件量、下载速度等等,并有传输、暂停的快捷工具按钮。

(4)离线浏览

点击滚动条上的 Browse(这个 Browse 与任务栏上方的 Browse 不同,前者浏览网页,后者浏览下载下来的文件目录),WebZIP 首先将打包压缩的网站文件解压到一个临时目录,随后调用系统默认的浏览器进行浏览,当然也可以在主菜单中选择"Action-Browse-Offline"指定浏览器进行浏览。由于 WinZIP 内置浏览器与 IE 兼容,看起来就像是和在线时完全一样。

▶ 技巧三　如何使用百度的高级搜索功能

1. 排除无关资料

有时候,排除含有某些词语的资料有利于缩小查询范围。百度支持"－"(减号)功能,用于有目的地删除某些无关的网页,但减号之前必须留一空格,语法是"A 空格－B"。

例如,要搜寻关于"武侠小说",但不含"古龙"的资料,可使用如下查询:"武侠小说空格－古龙"。

2. 并行搜索

使用"A? B"来搜索或者包含关键词 A,或者包含关键词 B 的网页。例如:要查询"avi converter"或"avi to mpeg"相关资料,无须分两次查询,只要输入"avi converter""avi to mpeg"搜索即可。百度会提供跟""前后任何关键词相关的网站和资料。

3. 相关检索

如果无法确定输入什么关键词才能找到满意的资料,百度相关检索可以提供帮助。先输入一个简单词语搜索,然后,百度搜索引擎会提供"其它用户搜索过的相关搜索词"作参考。点击任何一个相关搜索词,都能得到那个相关搜索词的搜索结果。

4. 百度快照

百度快照是百度网站最具魅力和实用价值的技术。大家在上网的时候肯定都遇到过"该页无法显示"(找不到网页的错误信息)。至于网页连接速度缓慢,要十几秒甚至几十秒才能打开更是家常便饭。出现这种情况的原因很多,比如:网站服务器暂时中断或堵塞、网站已经更改链接等等。无法登录网站的确是一个令人十分头痛的问题。百度快照能很好地解决这个问题。百度搜索引擎已先预览各网站,拍下网页的快照,为用户贮存大量应急网页。百度快照功能在百度的服务器上保存了几乎所有网站的大部分页面,在不能链接所需网站时,百度暂存的网页也可救急。而且通过百度快照寻找资料要比常规链接的速度快得多。因为百度快照的服务稳定,下载速度极快,你不会再受死链接或网络堵塞的影响。在快照中,关键词均已用不同颜色在网页中标明,一目了然。点击快照中的关键词,还可以直接跳到它在文中首次出现的位置,使浏览网页更方便。

5. 网页预览

点击每条搜索结果后的"网页预览",可以在该位置下打开一个大小适中的窗口展示该结果网页的内容。同时,"网页预览"也将变为"关闭预览",网友再点击"关闭预览",即可关闭该展示窗口。网页预览使用户不离开当前搜索结果页,即可查看感兴趣网页的内容,也可以同时打开多个"网页预览",很方便对照比较几个搜索结果。宽带用户可以使用特色功能"预览本页全部结果"。点击百度搜索结果右上角的链接"预览本页全部结果",将同时在每篇搜索结果下打开一个窗口实时预览。同时该链接也变为"关闭本页全部预览",再次点击,即可关闭所有预览窗口。

6. Flash 搜索

百度 Flash 搜索(flash.baidu.com),可搜索约五万个 Flash,只需输入关键词,就可以搜到各种版本的相关 Flash。

7. 在指定网站内搜索

在一个网址前加"site:",可以限制只搜索某个具体网站、网站频道、或某域名内的网页。例如,[电话 site:www.baidu.com] 表示在 www.baidu.com 网站内搜索和"电话"相关的资料;[竞价排名 site:baidu.com] 表示在 baidu.com 网站内搜索和"竞价排名"相关的资料;[intel site:com.cn] 表示在域名以"com.cn"结尾的网站内搜索和"intel"相关的资料;[门户.cn] 表示在域名以"cn"结尾的网站内搜索和"门户"相关的资料;注意:搜索关键词在前,site:及网址在后;关键词与 site:之间须留一空格隔开;site 后的冒号":"可以是半角":"也可以是全角":",百度搜索引擎会自动辨认。"site:"后不能有"http://"前缀或"/"后缀,网站频道只局限于"频道名.域名"方式,不能是"域名/频道名"方式。

8. 在标题中搜索

在一个或几个关键词前加"intitle:",可以限制只搜索网页标题中含有这些关键词的网页。例如,[intitle:南瓜饼] 表示搜索标题中含有关键词"南瓜饼"的网页;[intitle:百度 互联网] 表示搜索标题中含有关键词"百度"和"互联网"的网页。

9. 在 url 中搜索

在"inurl:"后加 url 中的文字,可以限制只搜索 url 中含有这些文字的网页。例如,[inurl:mp3] 表示搜索 url 中含有"mp3"的网页;[inurl:网页] 表示搜索 url 中含有"网页"的网页;

▶ 技巧四 清除 IE 缓存文件提高浏览速度

如果 IE 浏览器浏览起来很慢,一个简单的解决部分就是清空 Internet 临时文件的缓存。每次打开一个网页,IE 创建一份该网页文字和图像的缓存文件(一个临时复本)。当再次打开该页,比如,按下工具栏的"返回"按钮,IE 会检查网站服务器上该页的变化。如果页面变化了,IE 从网络上重新取回新的页面。如果该页没有变化,IE 就从内存或硬盘上使用缓存中的文件显示它。IE 会在缓存中保留网页到硬盘,直到各自的缓存占满空间;IE 则根据网页的时间和空间来向下取舍。微软如此设计该系统以帮助装载页面更快些。但是,如果浏览了太多的网页,可能就使硬盘缓存超载(成打或甚至是成百的兆字节),IE 应用次缓存来在装载新页面以前检查。可以到 C:\WIN7\Temporary Internet Files 的目录下查看缓存文件。要清除IE 缓存,打开"查看"菜单,选择"Internet 选项"然后查找 Temporary Internet Files 部分(在 General Tab 部分)并点击"删除文件"按钮。IE 将会问是否要"删除所有 Temporary Internet Files 文件夹中的文件?"点击"OK"即可。

你可能也想配置 IE 缓存文件选项。在 Temporary Internet Files 部分点击"设置"按钮,IE 会显示出你能够知道 IE 何时检查缓存页的新页面的位置的对话框,还有用来存储缓存文件的硬盘空间百分比(默认值是 3%)。清空缓存在任何情况下都不会使 IE 效率降低,而且会帮助提高页面装载速度和计算机属性(如果你的硬盘空间不很大)。

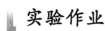

实验作业

任务描述

利用一个网络离线浏览软件来创建一个网站。基本要求:

◇ 根据自己要创建的网站的主题、架构及规模,从互联网上找到一个类似的网站,然后利用离线浏览软件进行下载部分或整个网站。

◇ 针对需要修改相关页面内容,包括文字、图片等媒体信息。

◇ 利用系统自带(IIS)或者第三方(APACH)的信息服务平台对网站进行发布。

第7章 多媒体技术基础实验

实验概要

本实验的目标是在现有教学内容基础上,通过实际演练多项多媒体设计实例,让读者掌握多媒体的各种编辑和处理软件(声音的采集与处理、图像的编辑与制作、视频的编辑与处理、动画的设计与制作)的使用方法,来培养读者多媒体技术的应用设计与制作能力和实际动手能力。

实验1 音频文件的制作与处理

通过本实验,要求读者学习使用 Cool Edit Pro2.1 编辑和制作音频素材并掌握在 Windows 环境下对声音信号的采集、编辑和处理的方法。

任务一 打开并保存歌曲的不同格式

任务描述

使用 Cool Edit Pro2.1,打开音频素材并保存不同的音频格式。

操作步骤

步骤1 启动 Cool Edit,点击菜单"文件"→"打开",调入要转换的歌曲素材。

步骤2 按下工具栏"单轨和多轨切换"按钮，切换到单轨模式进行编辑。点击菜单"文件"→"另存为",选取不同音频格式进行保存,如图 7.1 所示。在"文件名"中输入名称,同时在"保存类型"下拉选项中选择要保存的声音文件格式。

图 7.1 保存不同的音频格式

任务二　音频文件的高级处理

任务描述

使用 Cool Edit Pro2.1,进行歌曲的内录、制作及降噪处理。掌握常用声音信号的采集、编辑和处理的方法

操作步骤

1. 内录歌曲

步骤 1　在 Windows 7 任务栏右下角,鼠标右键点击"小喇叭" 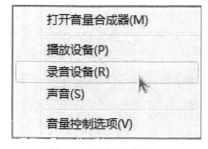 图标,弹出菜单如图7.2所示。

步骤 2　在弹出菜单中选择"录音设备",弹出"声音"窗口,如图 7.3 所示。此时,立体声混音默认是禁用的。双击"立体声混音"选项,在弹出的"立体声混音 属性"窗口→"设备用法",选择"使用此设备(启用)",如图 7.4 所示。开启立体声混音后,点击"确定"按钮返回到"声音"窗口。

图 7.2　选择录音设备　　　　　　　　图 7.3　"声音"窗口

步骤 3　点击"立体声混音"录制设备,再点击窗口下部"设为默认值"按钮,设置"立体声混音"为默认音录制设备,如图 7.5 所示。

图 7.4　启用立体声混音　　　　　　　图 7.5　设置"立体声混音"为默认

步骤 4　用任意音频播放器(如:Windows 7 自带的 Windows Media Player)播放歌曲素材,同时在多轨界面音轨 1 上的音频控制面板上点击录音按钮 R 并在"录音及播放控制工具栏"点击录音按钮 ◉,便可进行实时音频内录,如图 7.6 所示。再次点击录音按钮 ◉,即可停止录制。点击菜单"文件"→"混缩另存为",保存录制的音频文件。

图 7.6　Cool Edit 内录歌曲

2. 消除歌曲原唱制作卡拉 OK 伴声带

步骤 1　用 Cool Edit 打开音频素材"宁夏.mp3",按下"工具栏"中的"单轨和多轨切换"

按钮 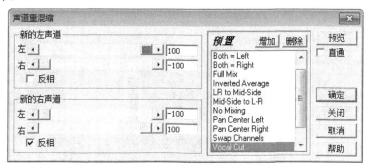，切换到单轨模式进行编辑。

步骤 2　在单轨模式中点击"录音及播放控制工具栏"中的"播放键" ▶，进行歌曲试听。

步骤 3　点击菜单"效果"→"波形振幅"→"声道重混缩"→"Vocal Cut"，如图 7.7 所示，点击"确定"按钮。经过"Vocal Cut"效果处理之后就消除了大部分的原唱，播放试听并保存处理好的音频文件。

图 7.7　消除人声

3. 卡拉 OK 歌曲的录制

步骤 1　歌曲录音之前应检查以下项目：

（1）录音话筒是否带有开关，是否打开。

（2）录音话筒是否正确地连接在声卡的 MIC 输入端。

（3）选择麦克风为默认录音设备。

步骤 2　在音轨 1 中点击鼠标右键，选择"插入"→"音频文件"，调入"白桦林伴奏.mp3"音频素材，如图 7.8 所示。

图 7.8　卡拉 OK 歌曲的录制

步骤 3　插入耳机，点击"录音及播放控制工具栏"中的"播放键" ▶，播放歌曲进行试听，同时在音轨 2 的音频控制面板上点击录音按钮 R 并点击"录音及播放控制工具栏"录音按钮，试着跟随伴奏带演唱"白桦林"歌曲并进行录音，完成"白桦林"歌曲卡拉 OK 带的录制。

4. 音频的降噪

步骤 1　用 Cool Edit 打开音频素材"降噪测试.mp3"，按下工具栏"单轨和多轨切换"按钮，切换到单轨模式，用鼠标选取一段环境噪音，如图 7.9 所示。

图 7.9　环境噪声的选取

步骤 2　选择菜单"效果"→"噪音消除"→"降噪器"→"噪音采样"，点击"确定"按钮，如图 7.10 所示。

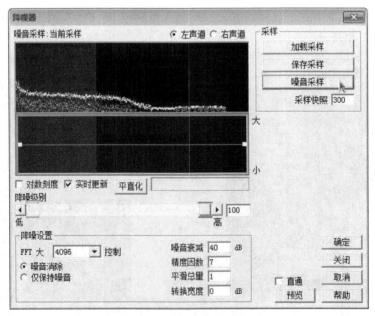

图 7.10　噪声采样

步骤 3　按下"Ctrl"＋"A"键选取全部波形，再次选择菜单"效果"→"噪音消除"→"降噪器"，直接点击"确定"，完成降噪。

实验 2 图像处理基本技术

通过本实验,要求读者了解图形与图像处理的基本概念及各类图像文件的常用格式,学习并掌握 Photoshop 软件对图像处理的基本使用方法。

任务一 常见的图像格式存储及比较

任务描述

转换图像的不同格式,观察不同颜色深度下的图像显示效果。对比计算公式,检验图像在磁盘上存储文件的大小。

操作步骤

步骤 1 熟悉 Windows 画图板的菜单、工具箱、状态条等基本功能,用 Windows 自带"画图"板绘制一副图像。点击"开始"→"所有程序"→"附件"→"画图",根据个人的美术水平任意绘制一副图像,保存图像名称和格式为:mypic.bmp。

步骤 2 将 mypic.bmp 分别另存为 mypic.jpg、mypic.gif 和 mypic.png,然后比较不同文件的相关属性,填写表 7.1 中。

表 7.1 不同格式的数字图像文件对比

文件名	宽度	高度	颜色深度	文件大小
mypic.bmp				
mypic.jpg				
mypic.gif				
mypic.png				

步骤 3

(1) 打开 mypic.bmp,将其另存为 mypic1.bmp,要求是单色位图;

(2) 打开 mypic.bmp,将其另存为 mypic16.bmp,要求是 16 色位图;

(3) 打开 mypic.bmp,将其另存为 mypic256.bmp,要求是 256 色位图;

(4) 比较 mypic.bmp,mypic1.bmp,mypic16.bmp,mypic256.bmp 的相关属性填入表 7.2,根据图像数据量计算公式计算出的数据和实际磁盘上存储图像文件大小进行比较。

说明:图像数据量 = 图像水平分辨率图像垂直分辨率像素深度/8

表 7.2 相同文件扩展名在不同颜色深度下的对比表

文件名	图像分辨率	颜色深度	文件大小
mypic.bmp			
mypic1.bmp			
mypic16.bmp			
mypic256.bmp			

◤任务二　Photoshop CS5 软件的基本使用

任务描述

Adobe Photoshop 是一款图像处理软件，其用户界面易懂，功能完善，性能稳定。无论是平面广告设计、室内装潢，还是处理个人照片，Photoshop 都已经成为不可或缺的工具。

熟练使用 Photoshop 软件，掌握 Photoshop 基本操作步骤并制作图片特效。

操作步骤

步骤 1　根据主课本中《图像处理工具 Photoshop CS5 操作介绍》一节（9.3 章节），读者自己进行操作，熟悉以下内容：

（1）Photoshop 的界面：菜单、工具箱、选项栏、调板等；

（2）熟悉新建、拷贝、粘贴，保存等基本命令；

（3）熟悉修改图像大小、画布大小等基本命令；

（4）熟悉"图像"→"调整"菜单中的基本命令。

步骤 2　泡泡字的制作。

（1）首先在工具箱下部的色彩控制器中设置前景色为黄色，背景色为绿色，如图 7.11 所示。新建一个 200×200 像素的 RGB 模式的图像，分辨率为 72，背景内容选择"背景色"，如图 7.12所示，点击"确定"按钮。

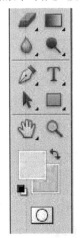
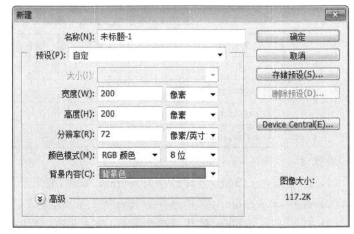

图 7.11　设置前景色背景色　　　　　　　图 7.12　新建图像

（2）点击工具箱"横排文字工具" ，输入大写字母"A"，文字大小为 120 点，如图 7.13 所示。再使用"椭圆选框工具" 选一个圆形区域，按住 Shift 键可以画一正圆。拖动正圆选区至合适位置，如图 7.14 所示。点击菜单执行"图层"→"向下合并"命令合并图层。

图 7.13　输入文字

图 7.14　圆形选区

（3）点击菜单"滤镜"→"扭曲"→"球面化"命令，使用所选范围产生球面的感觉，为了产生较强的球面效果，可把"数量"设为 100。如效果不够明显，可再做一次"球面化"，如图 7.15 所示。

（4）执行菜单"滤镜"→"渲染"→"光照效果"，适当调整"光照效果"参数，以产生立体效果，如图 7.16 所示。

图 7.15　"球面化"滤镜的使用

图 7.16　"光照效果"滤镜的使用

（5）为了增加立体感，我们还要执行菜单"滤镜"→"渲染"→"镜头光晕"命令，如图 7.17 所示。

（6）最后将球面复制并粘贴至新建图层，将原来层以黄色填充，最终效果图如图 7.18 所示。

图 7.17　"镜头光晕"滤镜的使用

图 7.18　"泡泡字"效果图

步骤 3　火焰字的制作。

（1）在工具箱下部的色彩控制器中设置背前景色为"白色"，景色为"黑色"，点击菜单"文件"→"新建"，建立一个 400×300 像素的 RGB 模式的图像，背景内容选择"背景色"，点击"确定"按钮,如图 7.19 所示。

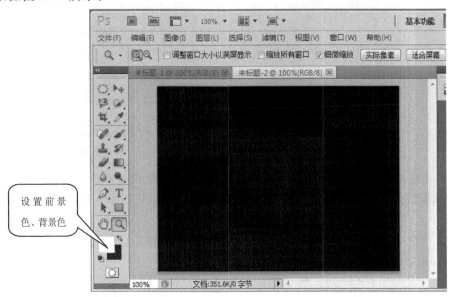

设置前景色、背景色

图 7.19　新建图像的设置

（2）点击工具箱"横排文字工具" T ,输入"火焰字",字体为白色,字体大小为 72 点,如图 7.20 所示。

（3）点击菜单"图像"→"图像旋转"→"90 度（顺时针）"。执行菜单"滤镜"→"风格化"→"风"命令（过程中提示栅格化文字,点击"确定"按钮）,方向"从左",做出风的效果,如果想让火焰大些,可再次使用此滤镜,如图 7.21 所示。

图 7.20　输入文字

图 7.21　"风"滤镜的使用

（4）点击菜单"图像"→"图像旋转"→"90 度（逆时针）",将整个图像再逆时针旋转 90 度。

（5）点击菜单"滤镜"→"扭曲"→"波纹",数量 100%,大小为"中",制作出图象的抖动效果,如图 7.22 所示。

（6）点击菜单"图像"→"模式"→"灰度"命令（过程中提示"拼合图像",点击"拼合",在弹出的"信息"对话框中点击"扔掉"按钮）,将图像格式转为灰度模式。再点击"图像"→"模式"→"索引颜色",将图像格式转为索引模式。点击菜单"图像"→"模式"→"颜色表"命令,打开"颜色表"对话框,在"颜色表(T)"列表框中选择"黑体",点击"确定"按钮,将图像模式转回 RGB 格式,最终效果如图 7.23 所示。

图 7.22　"波纹"滤镜的使用

图 7.23　"火焰字"效果图

实验 3　人像摄影与人像处理

通过本实验,要求读者了解人像摄影基础知识及拍摄基本要素,掌握 Photoshop 软件对数码照片处理的应用。

任务一　数码照片基本处理

任务描述

对前期拍摄失败的数码照片,如:曝光不足、照片模糊、景深过大等照片素材进行后期制作,并实现普通相片的特效处理。

操作步骤

步骤 1　照片亮度对比度的调整。

打开素材"灰蒙蒙的照片_亮度对比度.jpg",点击菜单"图像"→"调整"→"亮度/对比度",拉动滑块进行调整。

步骤 2　照片明暗度——调整曲线。

打开素材"灰蒙蒙的照片_曲线.jpg",点击菜单"图像"→"调整"→"曲线",拖动曲线进行调整,如图 7.24 所示。

步骤 3　曝光不足照片的处理——调整色阶。

打开素材"曝光不足_全局-色阶.jpg",点击菜单"图像"→"调整"→"色阶",拉动高光调滑块进行调整,如图 7.25 所示。

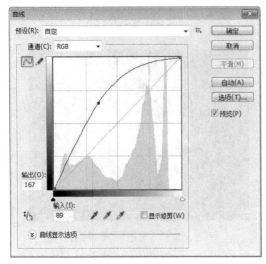

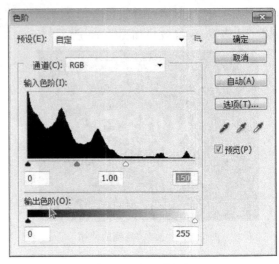

图 7.24　调整"曲线"　　　　　　　　　　图 7.25　调整"色阶"

步骤 4　模糊照片的锐化处理。

打开素材"模糊塔.jpg",点击菜单"滤镜"→"锐化"→"USM 锐化",数量:100％,半径:1.0,多用几次 USM 锐化,试看效果。

步骤 5　体现主题——径向模糊的运用。

打开素材"体现主题_径向模糊.jpg",选择"磁性套索工具" 勾出"圣母子"图像,点击菜单"选择"→"反向","蚂蚁线"选择图像范围如图 7.26 所示。点击菜单"滤镜"→"模糊"→"径向模糊",模糊方法:缩放,数量为 15,点击"确定"按钮。点击菜单"选择"→"取消选择",去除"蚂蚁线",最终效果如图 7.27 所示。

图 7.26　选取"圣母子"图像　　　　　图 7.27　"体现主题"最终效果图

步骤 6　景深制作——镜头模糊。

打开素材"景深制作_镜头模糊 抽出.jpg",使用"多边形套索工具" 勾出照片中需要突出表现的部分,点击菜单"选择"→"反向","蚂蚁线"范围如图 7.28 所示。点击菜单"滤镜"→"模糊"→"镜头模糊",调整半径数值,点击"确定"。点击菜单"选择"→"取消选择",去除"蚂蚁线",最终效果如图 7.29 所示。

图 7.28　选取要突出的主题　　　　　　　图 7.29　"景深制作"最终效果图

任务二　人像数码照片处理

任务描述

对人像数码照片进行修饰,达到修正和美化的效果。

操作步骤。

步骤 1　照片消除红眼。

打开素材"红眼.jpg",选取"红眼工具" ,选择"瞳孔大小"为 10％,"变暗量"为 80％,在人像的"红眼"点击一下,试看效果。

步骤 2　去除皮肤痘痘。

打开素材"小痘痘.jpg",选取"修复画笔工具" ,按下键盘"Alt"键,就近选取没有痘痘皮肤,松开"Alt"键,点击有痘痘的皮肤,即可消除小痘痘。

步骤 3　神奇滤镜——液化。

打开素材"瘦脸_液化.jpg",点击菜单"滤镜"→"液化",在默认工具选项中选择画笔大小为:100,推动人脸,点击"确定"按钮,给模特做"瞬间瘦脸",如图 7.30 所示。

图 7.30　推动人脸

步骤 4　美白牙齿。

打开素材"美白牙齿.jpg",用"多边形套索工具" 选取人物牙齿,再用"减淡工具" 进行美白。

实验 4　Flash 动画制作

通过本实验,要求读者了解并熟悉 Flash 动画制作软件 Adobe Flash CS5,掌握 Flash 动画制作基本流程。Flash 是互联网中最常见的形式之一,如互联网广告。Flash 属于流媒体的一种形式,了解和利用 Flash 制作动画技术非常必要。

任务一　Flash 动画制作一般过程

任务描述

通过元件的使用、关键帧和补间动画的制作,掌握 Flash 动画制作的一般过程。

操作步骤

步骤 1　运动的椭圆。

(1) 新建 Flash 文档,选择"Action Script3.0",点击"确定"按钮。点击菜单"插入"→"新建元件",在弹出的"新建元件"对话框→"类型"选项下拉列表中选择"图形"选项,点击"确定"按钮。在"元件 1"舞台中间用"椭圆工具" 画一个椭圆,在场景名称中点击 场景 1 回到场景 1 舞台,将元件 1 拖动到场景 1 的舞台中(如果找不到元件 1,则点击菜单"窗口"→"库",在库面板中调出元件 1)。

（2）在时间轴第 1 帧处点击鼠标右键，弹出菜单中选择"创建补间动画"，如图 7.31 所示，此时自动形成一个补间动画了。动画帧数可以在时间轴上通过拖动鼠标来调整，如图 7.32 所示。

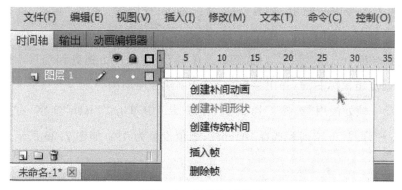

图 7.31　创建补间动画

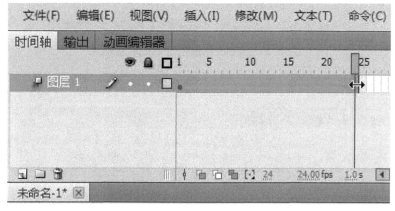

图 7.32　调整动画帧数

（3）点击"选择工具"，在最后一帧处将椭圆拖到不同的位置，如图 7.33 所示。这时补间动画的路径直接显示在舞台上，并且可以调动手柄进行调整，如图 7.34 所示。

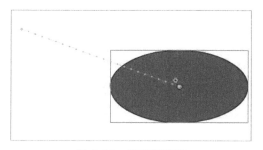

图 7.33　拖动"椭圆"

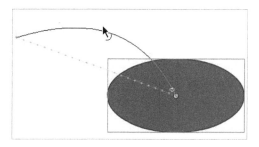

图 7.34　调整动画路径

（4）按回车键试看动画效果，也可以按 Ctrl＋Enter 键测试影片。如要做传统补间则需定义头帧、尾帧，在头帧、尾帧之间创建传统补间。

　　步骤 2　Flash 文字的旋转及渐变消失。

　　（1）新建 Flash 文档，选择"Action Script3.0"，点击"确定"按钮。选择菜单"插入"→"新建元件"，在弹出的"新建元件"对话框→"类型"选项下拉列表中选择"图形"选项，点击"确定"按钮。在"元件 1"舞台中间使用"文本工具"![T]，输入 "Flash" 字样，"属性"面板中选择字体为"传统文本"、"静态文本"。

　　（2）在场景名称中点击![场景 1]回到场景 1 舞台，将元件 1 拖曳到场景 1 的舞台中。在时间轴第 1 帧处点击鼠标右键，弹出菜单中选择"创建补间动画"。

　　（3）在最后一帧处使用"选择工具"![箭头]，在场景 1 中单击 "Flash"文字，右侧"属性"面板中"色彩效果"→"样式"下拉列表选择"Alhpa"，数值设置为 0%，如图 7.35 所示。

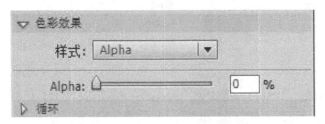

图 7.35　调整文字颜色的"Alhpa"数值

　　（4）点击时间轴第 1 帧和最后一帧 20 之间的任意一帧，如图 7.36 所示。

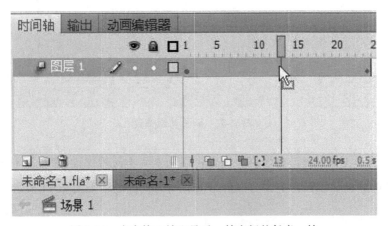

图 7.36　点击第 1 帧和最后一帧之间的任意一帧

　　在"属性"面板中"旋转"→"旋转"设定旋转次数，"方向"可选"顺时针"或"逆时针"，并自行设定旋转次数，如图 7.37 所示。按回车键试看动画效果或按 Ctrl＋Enter 键测试影片。

图 7.37 文字旋转设置

任务二 运动引导层及遮罩层的使用

任务描述

掌握基本层及运动引导层及遮罩层的使用方法。

操作步骤

步骤 1 运动引导层的使用——按轨迹飞行的直升飞机。

（1）新建 Flash 文档，选择"Action Script3.0"，点击"确定"按钮。点击菜单选择"文件"→"导入"→"导入到库"，点选"helicopter.jpg"图片素材。在库面板中把"直升飞机"拖入场景 1 中（当然也可以直接把素材导入到舞台），使用"任意变形工具" 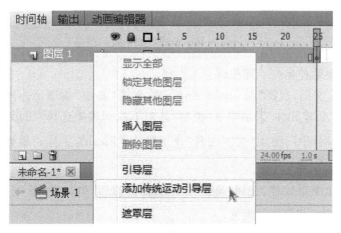 调整大小并在时间轴第 25 帧上插入关键帧。

（2）在时间轴中图层 1 上点击鼠标右键，弹出菜单中选择"添加传统运动引导层"，新建一个引导层，如图 7.38 所示。选择工具栏的"铅笔工具" 任意画一条曲线，作为引导线，如图 7.39 所示。

图 7.38 添加传统运动引导层

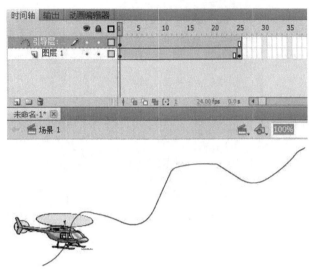

图 7.39　画引导线

（3）在图层 1 时间轴的第 1 帧处，点击"选择工具" ▶（此时工具箱下部的"紧贴至对象" 🧲 应处于"按下"状态），将飞机拖动到曲线的起点，让飞机图形中心的"圆圈""吸附"于引导线上。同样，选择最后一帧（第 25 帧）把飞机吸附到引导线的末端。

（4）选择图层 1 的第 1 帧和第 25 帧之间的任意一帧，点击鼠标右键，弹出菜单选择"创建传统补间"，如图 7.40 所示。按回车键试看动画效果或按 Ctrl＋Enter 键测试影片。

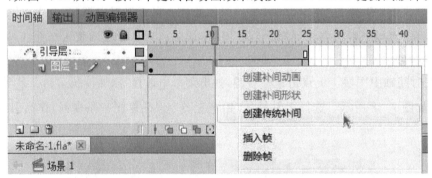

图 7.40　创建传统补间

步骤 2　遮罩层的使用——探照灯。

（1）新建 Flash 文档，选择"Action Script3.0"，点击"确定"按钮。选择菜单"插入"→"新建元件"，在弹出的"新建元件"对话框→"类型"选项下拉列表中选择"图形"选项，点击"确定"按钮。在"元件 1"舞台中间使用"文本工具" T，输入 "Flash" 字样，"属性"面板中选择字体为"传统文本"、"静态文本"。

（2）再新建一个图形元件，使用"椭圆工具" ◯ 并按下 shift 键，画一个圆形作为遮罩图形，圆的直径大于"Flash"字体的高度。

（3）回到场景 1，在图层 1 中先做一个背景层，画一个实心矩形。点击"新建图层" ⬜，新建图层 2,在"库面板"中将元件 1"Flash"文字拖到图层 2 中。

（4）再新建图层 3,在"库面板"中将元件 2"圆形组件"拖到图层 3 中,并把元件 2 拖动到元件 1"Flash"文字左侧。

（5）同时选中三个图层的第 30 帧,点击鼠标右键,在弹出菜单中选择"插入关键帧",如图 7.41 所示。选中图层 3 第 30 帧,将元件 2 平移到元件 1 左侧,如图 7.42 所示。

图 7.41　3 个图层同时插入关键帧

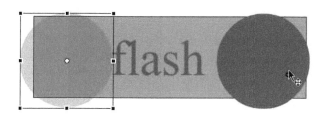

图 7.42　30 帧处元件 2 的位置

（6）选取图层 3 的第 1 帧和第 30 帧之间的任意一帧,点击鼠标右键,弹出菜单选择"创建传统补间"。在图层 3 上点击鼠标右键,弹出菜单选择"遮罩层",如图 7.43 所示。按回车键试看动画效果或按 Ctrl＋Enter 键测试影片。

图 7.43　"遮罩层"的使用

实验作业

任务描述

运用所学多媒体编辑及处理技术制作一件多媒体作品。基本要求如下：

◇ 作品内容健康，构思新颖、美观，体现创新意识，作品形式与主题不限。

◇ 作品需综合运用两种或两种以上多媒体编辑及处理技术（音频制作与处理、图像编辑与制作、视频编辑与处理、动画设计与制作等）进行作品编排及处理。

第8章 网页设计与制作实验

实验概要

"网页设计与制作"实验课程内容包括：网页制作 HTML 语言、Dreamweaver 使用、网页素材制作、添加与处理及网页制作综合实例训练等。从培养读者实际动手制作网页的能力出发，使读者具备基本的网页制作的能力。

实验1 网页设计与制作基础

从网页的基本 HTML 语言实例出发，使读者初步掌握基本的 HTML 语言。进一步通过网页的布局、在网页中插入文字及图像、为网页添加背景等，使读者掌握网页制作的基本技巧并制作简单的网页。

▶ 任务一 掌握常用的 HTML 语言标记

任务描述

通过本次实验，掌握常用的 HTML 语言标记。

实验步骤

步骤1 打开 Windows 记事本，输入以下代码：

```
<html>
  <head>
    <title>my first webpage </title>
  </head>
  <body>
      <center><font size="6" color="#0000FF">秋夕</font>
        <p><font size="4" color="#0000FF">杜牧</font></p>
        <p><font size="5" color="#0000FF">银烛秋光冷画屏</font></p>
        <p><font size="5" color="#0000FF">轻罗小扇扑流萤</font></p>
        <p><font size="5" color="#0000FF">天阶夜色凉如水</font></p>
```

      <p><font size＝"5" color＝"♯0000FF">卧看牵牛织女星</font></p>

    </center>

  </body>

</html>

其中的 HTML 语言解释如下：

HTML 基本格式：<标签符>内容</标签符>。标签符通常成对使用，<标签符>表示某种格式的开始，</标签符>表示这种格式的结束。通常一个网页代码包括 4 个基本标签：HTML 标签、"文件头"标签：<head></head>、"文件标题"标签：<title></title>和"文件体"标签：<body></body> 。在本例中<center>为居中对齐标签；段落开始和结束用<p>和</p>来标记；字体大小设置用<font>标签中的"size"属性，在 HTML 语言中字号大小的范围为 1～7。另外，在<font>标签中的"color"属性可以设置字体的颜色。

步骤 2　点击 Windows"记事本"菜单，选择"文件"→"另存为"，保存类型选择"所有文件"，文件名为：webpage. htm，点击"保存"按钮。用网页浏览器打开刚才保存过的文件，观看效果。

任务二　完成简单网页的制作

任务描述

通过网页的布局、在网页中插入文字及图像、为网页添加背景等制作一个简单的网页。

操作步骤

步骤 1　运行 Adobe Dreamweaver CS5 中文版，点击菜单"文件"→"打开"，打开刚才保存过的"webpage. htm"网页，在"文档"窗口点击"设计"视图，"文档"窗口显示页面效果，如图8.1 所示。

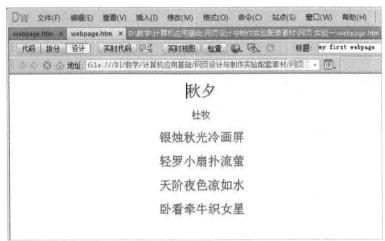

图 8.1　网页显示效果图

步骤 2　在"属性"面板中点击"页面属性"按钮，在弹出"页面属性"对话框的"背景图像"中，点击浏览，找到网页背景实验素材"bj. jpg"，点击"确定"按钮。

步骤 3　光标移至"织女星"文字之后，按回车键，点击菜单"插入"→"图像"，找到网页图片素材"autumn.jpg",点击"确定"按钮,就非常简单快捷地设计了一个具有"诗情画意"的网页,页面效果如图 8.2 所示。

图 8.2 网页最终效果图

实验 2 个人网页制作综合应用

任务一 个人主页的网页素材制作、添加与处理

任务描述

综合运用 Dreamweaver 、Photoshop、Flash 等软件制作个人主页。

操作步骤

步骤 1 Photoshop 制作主页标题图片。用 Photoshop CS5 打开"个人主页标题.psd"素材文件,在"图层"调板中用鼠标左键点击"＊＊＊ 的个人主页"图层,如图 8.3 所示。选取"横排文字工具"，在"工作区"中修改图像中的"＊＊＊"为自己的姓名。同样,点击最上的图层,在"工作区"中修改图像中的班级及学号。修改完毕后点击菜单"文件"→"存储为",弹出存储文件对话框,选择文件格式为:JPEG,如图 8.4 所示,点击"保存"及"确定"按钮。

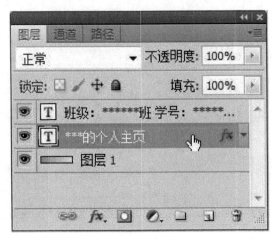

图 8.3　选择图层

图 8.4　保存文件类型

步骤 2　插入主页标题图片。用 Dreamweaver CS5 打开主页素材文件"index. html",可以看到这是一个已经用表格划分好的网页。将光标移至网页的题头处,点击菜单"插入"→"图像",找到刚才保存的图片"个人主页标题. jpg",点击"确定"按钮,如图 8.5 所示。

图 8.5　添加题头图片

步骤 3　题头元素及属性制作。

（1）鼠标点击题头"@"字样的图像，在下面"属性"面板中的"链接"输入：mailto：，这样就可以调用默认邮件客户端来发送 E-mail。当然 mailto：后面也可以填入你自己的邮箱，这样浏览你个人主页的访问者就可以直接使用默认邮件客户端发信至你的邮箱中。

（2）鼠标点击题头"！"字样的图像，在"标签检查器"面板组中选择"行为"并点击"＋"，弹出菜单中选择"弹出信息"，如图 8.6 所示。在"弹出信息"窗体中可以自行输入如："版权所有"等字样。

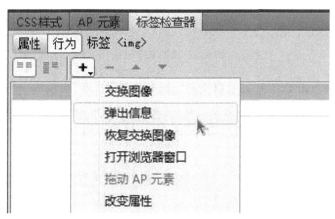

图 8.6　添加"弹出信息"行为

步骤 4　页面左侧导航栏动态按钮的制作。点击"个人简介"字样的图片，在"标签检查器"面板组中选择"行为"并点击"＋"，弹出菜单中选择"交换图像"。在"交换图像"对话框中点击"浏览"按钮，找到素材"个人简介_按下.jpg"，点击"确定"按钮，如图 8.7 所示。同样分别制作"创作空间"和"我的店铺"交换图像动态按钮。

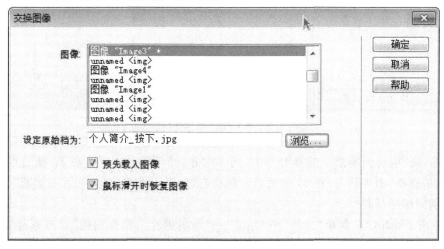

图 8.7　添加"交换图像"行为

步骤 5　在"友情链接"栏目中可以输入如："网易"文字。将"网易"文字用鼠标选中，在"属性"面板→"链接"中输入网址：http://www.163.com，如图 8.8 所示。

步骤 6　Flash 文件的制作。

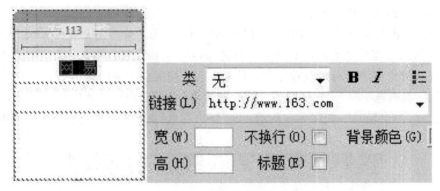

图 8.8　添加文字链接

（1）用 Adobe Flash CS5 打开素材文件"cxqd.fla"，在"库"面板组中将"春"拖动到场景 1 的舞台当中（如果找不到"库"面板，则点击菜单"窗口"→"库"，调出此面板）。

（2）在"对齐"面板中勾选"与舞台对齐"选项（如果找不到"对齐"面板，可点击菜单"窗口"→"对齐"调入此面板）。

（3）点击"对齐："选项中的"水平中齐"按钮 ，再点击"对齐："选项中的"垂直中齐"按钮 ，使图像处于舞台的中央。

（4）在时间轴第 15 帧处点击鼠标右键，弹出菜单选择"插入帧"。在 16 帧处点击鼠标右键，弹出菜单选择"插入关键帧"，插入帧和关键帧的位置如图 8.9 所示。

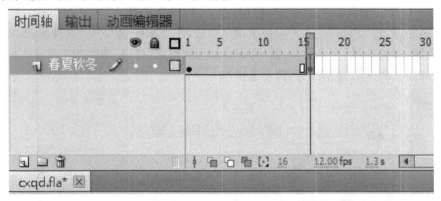

图 8.9　插入"帧"和"关键帧"

（5）将"夏"拖动到场景 1 的舞台当中，同样对齐，处于舞台中央。在 30 帧处点击鼠标右键，弹出菜单选择"插入帧"。在 31 帧处点击鼠标右键，弹出菜单选择"插入关键帧"。对"秋"、"冬"也分别同样进行制作。

（6）点击 Flash CS5 菜单"文件"→"导出"→"导出影片"，在弹出的"导出影片"对话框中输入"文件名"为"四季"，并把文件保存至原素材文件夹中。

步骤 7　Flash 影片文件的制作。返回 Dreamweaver CS5 环境，继续编辑个人主页。鼠标点击"我的大作"右侧表格，点击菜单"插入"→"媒体"→"SWF"，在弹出"选择 SWF"对话框中选择刚才制作的 Flash 影片"四季.swf"，点击"确定"按钮，插入 Flash 文件，如图 8.10 所示。在"属性"面板下部点击"播放"按钮 播放 ，可以播放刚才插入的 Flash 影片。

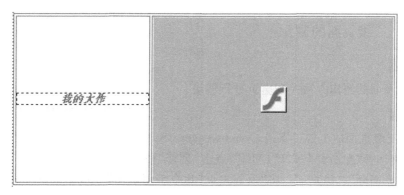

图 8.10　添加 SWF 文件

步骤 8　补充和完善主页后点击"文档"窗口上"在浏览器中预览/调试"按钮 ![icon]，选择浏览器，如：IExplore 进行浏览，最终效果如图 8.11 所示。

图 8.11　个人主页效果图

任务二　二级页面的制作

任务描述

掌握二级页面的制作方法并和主页进行链接。

操作步骤

步骤 1　二级页面的生成。 点击 Dreamweaver CS5 菜单"文件"→"新建",在弹出的"新建文档"对话框中选择"空白页"→"HTML",点击"创建"按钮。在新建的页面中加入图文等素材,如创建"个人简介"二级页面。将"返回主页"几个字用鼠标选中,点击鼠标右键,在弹出菜单中选择"创建链接",选择链接到主页"index.html"文件。点击菜单"文件"→"保存",在弹出对话框中输入文件名"grjj",就默认保存为 grjj.html 网页文件,网页效果如图 8.12 所示。

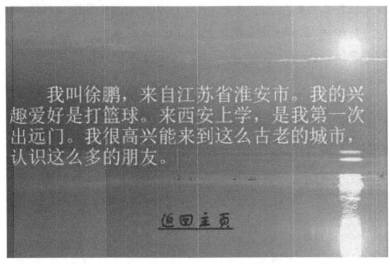

图 8.12　"个人简介"二级页面

步骤 2　主页链接二级页面。 用 Dreamweaver 打开主页"index.html",点击主页左侧"个人简介"导航栏按钮图片,再点击鼠标右键,在弹出菜单中选择"创建链接",选择链接到"grjj.html"二级页面。同样分别制作"创作空间"和"我的店铺"等二级页面。

实验作业

任务描述

制作"我的大学生活"主题相关的网站,基本要求如下:

◇ 网站具有导航功能。

◇ 网页素材需自行收集、创建和编辑。

◇ 设计制作网站 flash。

◇ 制作主页并制作多个子页面或二级页面。

◇ 测试并浏览所有页面。

参考文献

[1] 詹国华.大学计算机应用基础教程[M].2版.北京:清华大学出版社,2009.

[2] 张晓瑗.计算机文化基础实用教程[M].北京:科学出版社,2009.

[3] 倪玉华.大学计算机基础[M].北京:人民邮电出版社,2009.

[4] 周维武.大学计算机基础[M].北京:电子工业出版社,2008.

[5] Excel Home Word 实战技巧精粹[M].北京:人民邮电出版社,2008.

[6] Excel Home.Excel 高效办公:财务管理[M].北京:人民邮电出版社,2008.

[7] Excel Home.Excel 数据处理与分析实战技巧精粹[M].北京:人民邮电出版社,2008.

[8] 唐宁,王少媛.PowerPoint 2007 实用技巧百式通[M].重庆:重庆大学电子音像出版社,2007.

[9] 张明林.大学计算机基础[M].西安:西北大学出版社,2005.

[10] 冯博琴.计算机文化基础教程[M].3版.北京:清华大学出版社.2009.

[11] 张元.多媒体技术与应用:计算机动漫设计[M].北京:科学出版社,2006.

[12] 李飞,邢晓怡,龚正良.多媒体技术与应用[M].北京:清华大学出版社,2007.

[13] 郑阿奇.多媒体实用教程[M].北京:电子工业出版社,2007.

[14] 周学广,刘艺.信息安全学[M].北京:机械工业出版社,2003.

[15] ANDRESS M.计算机安全原理[M].杨涛,杨晓云,等译.北京:机械工业出版社,2002.

[16] 曹天杰,张永平,苏成.计算机系统安全[M].北京:高等教育出版社,2005.

[17] 朱洪文,裴士辉,刘衍珩.计算机安全技术[M].长春:吉林科学技术出版社,1997.

[18] 卞诚君,刘亚朋.Office 2007 完全应用手册.北京:机械工业出版社,2009.

[19] 高永强,郭世泽,等.网络安全技术与应用[M].北京:人民邮电出版社,2003.

[20] 沈昕.Dreamweaver 8 和 Flash 8 案例教程[M].北京:人民邮电出版社,2006.

[21] 周立,王晓红,贺红.网页设计与制作[M].北京:清华大学出版社,2004.

[22] 胡剑锋,吴华亮.网页设计与制作[M].2版.北京:清华大学出版社,2006.

[23] 曹岩,方舟,姚慧.Visio 2007 应用教程[M].北京:化学工业出版社,2009.

[24] 李月,李晓春,等.Dreamweaver 网页制作标准教程[M].北京:清华大学出版社,2005.

[25] 贺晓霞,吴东伟,等.Flash 动画制作基础练习＋典型案例[M].北京:清华大学出版社,2006.

[26] 杨继萍,吴华,等.Visio 2007 图形设计标准教程[M].北京:清华大学出版社,2010.

[27] 刘好增,张坤,等.ASP 动态网站开发实践教程[M].北京:清华大学出版社,2007.

[28] 陈源,姚幼敏,周军,等.Dreamweaver 网页设计与制作[M].北京:地质出版社,2007.

［29］宋翔．完全掌握 Office 2007［M］.北京：人民邮电出版社,2011.

［30］高升宇．大学计算机基础：信息处理技术基础教程［M］．北京：中国人民大学出版社,2010.

［31］尤晓东,闫俐,张健清,等.大学计算机应用基础［M］．北京：中国人民大学出版社,2009.